Warum manche Projekte scheitern und andere nicht

Impressum

1. Auflage 2023
Lektorat: Julia Palmer
Buchsatz: Meg Philipp
Icons by Icons8

Marian Prill Verlag
Stauffenbergstraße 3 · 16866 Kyritz
hallo@marianprill-verlag.de
https://www.marianprill-verlag.de

ISBN 978-3-949265-16-7 ·

Bibliografische Information der Deutschen Nationalbibliothek
Die Deutsche Nationalbibliothek verzeichnet diese Publikation in der Deutschen Nationalbibliografie; detaillierte bibliografische Daten sind im Internet abrufbar unter: http://dnb.d-nb.de

Petra Menzel

Warum manche Projekte scheitern und andere nicht

Und was der Faktor Mensch damit zu tun hat

MARIAN PRILL VERLAG
Sprechend Buchautor werden

Gender-Hinweis

Vorab eine Anmerkung zum Gendern. Ich bin ein Freund des Genderns, denn ich bin dafür, dass jede Möglichkeit genutzt wird, Diskriminierung zu unterbinden. Allerdings habe ich beim Schreiben dieses Buches darauf verzichtet, um die Lesbarkeit zu erleichtern. Deshalb bitte ich alle, die nicht per se männlich sind, sich nicht als Mann angesprochen oder sich eben als Nicht-Mann ausgegrenzt fühlen, sich einfach als Mensch angesprochen zu fühlen. Der Mensch ist hier gemeint, ganz unabhängig von jeglicher Ausprägung.

INHALT

WIE DIESES BUCH FUNKTIONIERT

Jedes Kapitel in diesem Buch wird von einem solchen Kapitel-Trenner abgeschlossen. Dabei ist jedem Trenner ein individueller QR-Code und ein Webseitenlink zugeordnet. Dadurch sind Leserschaft und Autorin so nah beieinander, wie es in der Vergangenheit durch ein Buch kaum möglich war.

autorenclub.de/pm

Über den Zugang zur Internetseite der Autorin können die einzelnen Buchkapitel kommentiert werden. Neben Feedbacks sind auch Fragestellungen möglich, die die Autorin per Sprachnachricht oder E-Mail beantworten wird.

Entscheide selbst, ob du Petra Menzel persönlich Feedback geben möchtest oder deine Meinung mit der gesamten Leserschaft teilen willst. Falls Fragen zur Interaktion mit der Autorin aufkommen, beantwortet unser Verlagsteam diese gerne unter: leserfragen@marianprill-verlag.de

1 DER BEGINN VON GORDION PROJECTS

Da standen wir nun. Erst vor kurzem hatten wir zusammen und voller Zuversicht, nach Angestelltendasein und langjähriger Selbständigkeit, unsere neue Projektberatungsfirma gegründet: Die **Gordion Projects GmbH**.

Schon den Namen zu finden, war nicht leicht. Zu viel hatten wir im Kopf, zu viel wollten wir auf einmal. Aber beschreiben, was wir wollten, konnten wir nicht. Und dabei sollte das genau unsere Kernkompetenz sein: Alle Projektbeteiligten so zu führen, dass sie ihre Ziele, ihre Anforderungen und Bedürfnisse finden und formulieren können. Nur unser eigenes Ziel zu finden, fiel uns schwer.

Zum Glück hatten wir eine Marketingagentur gefunden, die uns auf unserem Weg unterstützte und am Ende diesen Namen vorschlug: **Gordion Projects GmbH**. Ja, das passte! Wir zerschlagen jedoch nicht einfach Projektknoten mit einem einzigen Hieb, wie Alexander der Große es mit dem Knoten von **Gordion** tat. Sondern wir zerlegen ihn, wir dröseln auf, wir finden die losen Enden und sortieren alles neu. Dazu ein Logo und eine Webseite und los ging es.

Alte Kontakte wurden hervorgekramt und angeschrieben, Messen wurden besucht und Visitenkarten verteilt. Mit den ersten Pitches kamen dann die ersten Aufträge. Wir schwebten im Rausch des ersten Erfolges. Unglaublich. Anfängerglück? Auch das. Vor allem kannten wir Senior-Berater das Spiel des Marktes bereits. Ich war als Projektmanagerin seit vielen Jahren für besonders komplexe, herausfordernde Projekte verantwortlich, veränderte ganze Unternehmen aus dem Mittelstand und kannte auch die Nöte kleinster Unternehmen oder Projekte. Mein Teamkollege war ein erfahrener Systemarchitekt, wir hatten beide gute und schlechte Zeiten erlebt. Unsere jüngste Mitstreiterin mit gerade einmal dreißig Jahren war als systemischer Coach offen und voller Tatendrang.

Die Kombination versprach viel. Außerdem verband uns die Zusammenarbeit der vergangenen Jahre. Wir hatten gemeinsam einen Ausflug ins automatisierte Traden gemacht (es dann aber wieder aufgegeben, aus verschiedenen Gründen). Da standen wir also: Voller Zuversicht und ein bisschen stolz. Wir waren uns ganz sicher, dass wir den richtigen Weg eingeschlagen hatten.

Doch dann kam Corona. Ich weiß es noch genau. Wie ein Schlag traf uns die Nachricht, dass das Virus nun auch in Deutschland angekommen war. Alle, die konnten, arbeiteten von zuhause aus. Die Straßen waren leergefegt, die Gesichter der Menschen hinter den Masken kaum zu erkennen. Durchgehend Home-Office, das war zu diesem Zeitpunkt unvorstellbar. Ja klar, Videokonferenzen bei internationalen Projekten, das kannte man. Auch mal aus dem Home-Office heraus zu arbeiten und von dort mit Kollegen kommunizieren, ging. Doch niemanden mehr sehen, keinen Kaffeeklatsch in der kleinen Kaffee-Ecke, keine Meetings, in denen am Rande gelacht und gefrotzelt wird? Wie soll das gehen? Und, vor allem, wie soll in so einer Situation ein fremder Externer integriert werden? Dazu die wirtschaftliche Unsicherheit, in die die Unternehmen nun schlagartig rutschten. Da fragt man sich als verantwortungsbewusster Manager zweimal, ob genau jetzt der Externe gebraucht wird. Und so kam es, wie es kommen musste. Beide Zusagen, die wir gerade frisch erhalten und noch vor wenigen Tagen mit Sekt begossen hatten, wurden zurückgezogen: „Wir bitten um Verständnis."

Nach weiteren vergeblichen Versuchen, wieder am Markt einzusteigen, nach der Erkenntnis, dass es zwar noch Ausschreibungen gab, diese aber oft nur pro forma waren, und nach den pessimistischen Aussagen unserer Vertriebspartner machten wir das, was wir am besten können: Neu denken! Einen Schritt zurücktreten und die ganze Situation nüchtern und von außen betrachten. Und genau das haben wir getan. Whiteboard-Folie ans Fenster geklebt und nachgedacht. Nun waren wir wieder voller Energie. Eines stand sofort fest: Unser „Küken“ bildete sich weiter. Dazu war die Zeit perfekt. Unser Architekt blieb bei dem Auftrag, den er gerade noch vor Corona bekommen hatte, um uns finanziell abzusichern. Und ich? Ja, was machte ich?

„Denk doch mal darüber nach, was du anders machst bei deinen Projekten. Warum gelingt dir, was anderen nicht gelingt?“ fragte mich der Systemarchitekt, mit dem mich eine fast zwanzigjährige Zusammenarbeit bei verschiedenen Projekten verbindet. Und ich dachte nach! Ich schrieb und malte, ich diskutierte und ging tiefer, ich änderte, verwarf und dachte neu.

Dabei herausgekommen ist ein veränderter Blick auf Projekte, eine neue Perspektive, ein Paradigmenwechsel, eine neue, menschzentrierte Betrachtung von Projekten, besonders wenn sie sich verknotet haben. Geleitet von dem Satz: Dumm ist, wer immer wieder dasselbe tut und trotzdem ein anderes Ergebnis erwartet – sehr frei nach Einstein. Es musste eine andere Herangehensweise geben, als bisher propagiert wurde. Wenn über sechzig Prozent aller Projekte ganz oder teilweise scheitern, ergibt es doch keinen Sinn, immer auf die gleiche Art weiterzumachen. Ja, agile Vorgehensweisen sind anders. Aber auch diese Projekte scheitern genauso oft. Klar, nur weil sie nicht richtig umgesetzt werden, weil die Firmen sich nicht komplett darauf einlassen, weil der agile Geist noch nicht Einzug gehalten hat. Immer wieder dieselben Begründungen und nur verhältnismäßig wenige Erfolge. Wenn es so vielen Projekten nicht gelingt, den Geist entsprechend zu beschwören, ist es dann das richtige und universelle Vorgehen?

Irgendwie nicht. Trotzdem. Braucht die Welt wirklich noch etwas Neues? Ist unser Ansatz wirklich neu? Würde ihn überhaupt jemand kennenlernen wollen? Wie vermessen ist es, neben den etablierten Methoden aus klassisch und agil etwas Neues finden zu wollen? Wir waren unsicher. Sehr unsicher.

Und doch wagten wir den Schritt, erst im Freundes- und Familienkreis, dann kostenlos in befreundeten Firmen und dann, ja dann ging es hinaus auf den freien Markt. Jetzt nach dem Feedback vieler Teilnehmer, nach ähnlichen Ansätzen bei anderen Projektmanagement-Organisationen, nach der Sicherheit im eigenen Umgang mit den Erkenntnissen, jetzt wagen wir genau diesen Schritt: Ich beschreibe hier unsere veränderte Perspektive – den *Gordischen Blick* – und zeige sie der Welt.

Aber braucht die Welt wirklich noch eine weitere Projektmanagement-Methode? Gibt es nicht schon genug? *PMI, IPMA, Scrum, Prince II, SAFe*…? Ist nicht schon alles gesagt, durchdacht und aufgeschrieben? Vielleicht ja. Vielleicht fehlt aber genau unser Ansatz.

Dieses Buch richtet sich also an Projektmanager, die bereits eigene Erfahrungen im Projektmanagement sammeln konnten. An Projektmanager, die ihren Blick erweitern, neue Perspektiven im Projektmanagement erkennen und souverän auch in Krisenzeiten durch die Höhen und Tiefen eines jeden Projektes steuern möchten. Probieren Sie ihn aus, verbinden Sie ihn mit den bekannten Instrumenten und schauen Sie dann, ob dieser Ansatz auch Ihnen helfen kann. Im letzten Kapitel lernen Sie schließlich unser Assessment kennen, das Ihnen den Weg aus Krisen weist, selbst wenn Sie nicht mehr daran glauben.

1 DER BEGINN VON GORDION PROJECTS

Zeit für eine kleine Pause. Was kommt dir in den Sinn, wenn du dieses Kapitel auf dich wirken lässt? Worüber denkst du nach? Petra Menzel freut sich auf Feedback und Fragen.

autorenclub.de/pm/1

Über den Zugang zur Internetseite der Autorin können die einzelnen Buchkapitel kommentiert werden. Neben Feedbacks sind auch Fragestellungen möglich, die die Autorin per Sprachnachricht oder E-Mail beantworten wird.

Entscheide selbst, ob du Petra Menzel persönlich Feedback geben möchtest oder deine Meinung mit der gesamten Leserschaft teilen willst. Falls Fragen zur Interaktion mit der Autorin aufkommen, beantwortet unser Verlagsteam diese gerne unter: leserfragen@marianprill-verlag.de

Autoren Club
Sprechend Texte schreiben

2 KEIN METHODENSTREIT

2.1 AGIL, KLASSISCH ODER HYBRID – JEDES VORGEHEN HAT SEINE STÄRKEN

In diesem Buch geht es nicht darum für agil oder klassisch zu streiten, auch nicht dagegen. Ich habe Projektmanagement zu einer Zeit gelernt, als es noch keine Zertifizierungen dafür gab. Viele kluge Köpfe beschäftigten sich damals intensiv mit dem Thema. Zuerst habe ich *Information Engineering* nach James Martin erlernt. Projekte entwickeln wie ein Ingenieur. Großartig. Passend zu meiner Persönlichkeit. Mich faszinierte der strukturierte Projektaufbau, dass Instrumente und Schritte aufeinander beruhen, wenn man sie richtig anwendet. Diese Klarheit und Orientierung halfen mir bei meinen ersten Projekten. Bestätigt und erweitert wurde mein Wissen im Umgang mit dem klassischen Wasserfall-Modell in dann aufkommenden Zertifizierungen wie zum Beispiel dem Projektmanagement nach IPMA. Sehr zu empfehlen für alle, die Struktur mögen!

Mit steigender Erfahrung lernte ich auch die Schwächen dieser Methoden kennen: Wenig Bezug zum Menschen, wenig in der Methode verankerter Respekt vor dem Projektteam und zu oft am Plan und an den Bedürfnissen vorbei. Also entwickelte ich meine eigene Vorgehensweise. Ich verband Mensch und Methode. Die Projektteams fühlten sich wohl und bestätigten mich darin. Manche Vorgesetzte kamen jedoch damit nicht gut zurecht. Es kam ihnen zu fremd vor, zu wenig autoritär. Aber ich war schon damals ziemlich erfolgreich damit.

Als agiles Arbeiten aufkam sprachen mich Kollegen an, mit leuchtenden Augen und der Aufforderung, doch unbedingt diese Methode kennenzulernen. Denn es würde doch genau meinem entsprechen. Also habe ich mir agiles Arbeiten angeschaut. Und ja, es ist eindeutig eine Weiterentwicklung im Projektmanagement. Es füllt viele Lücken, verankert Punkte in der Methode, die vorher dem Projektmanager und seiner Persönlichkeit überlassen waren. So begeisterte mich die Rolle des *Product Owners*, der die Interessen der Anwender vertritt. Auch das *Daily*, das ich unter dem Namen *Early Bird* schon längst in meinen Projektalltag integriert hatte, war nun Bestandteil einer offiziellen Methode. Dazu der *Scrum Master*, der wesentlich dafür da war, die menschlichen Aspekte zu berücksichtigen. Herrlich. Nur eben auch nicht perfekt.

Nach einer entsprechenden Zertifizierung und ersten Erfahrungen stellte ich fest, dass auch die agile Vorgehensweise Nachteile hat: Es fehlt die Verbindlichkeit und vor allem werden die Interessen des Auftraggebers einfach ignoriert. Das ist nur eine Umkehrung. Keine Lösung. Für alle, die jetzt anfangen möchten, mit mir die Vor- und Nachteile zu diskutieren, denen sei gesagt: Jeder Projektmanager, jede Organisation sollte mit der Methodik, mit dem *Framework* arbeiten, das am besten zur jeweiligen Situation passt. Ein Streiten lohnt nicht. Man kann die positiven Elemente des agilen in das klassische Vorgehen integrieren und umgekehrt.

2.2 HYBRIDES PROJEKTMANAGEMENT ALS EINE MÖGLICHE LÖSUNG

Hybride Vorgehensmodelle kombinieren Elemente aus klassischen und agilen Vorgehensweisen. Das kann auf zwei Arten erfolgen:

a ***Methodenwechsel zwischen Projektphasen***

Es bietet sich oft an, vor dem ersten *Sprint*, eine gute Analyse und Konzeptphase ganz nach dem Wasserfall-Modell voranzustellen. Das ist dann sinnvoll, wenn man die Anwender und Auftraggeber befragen kann. Die Wasserfall-Methode ersetzt dann die *Trial-and-Error*-Phase. Man erfährt die Anforderungen direkt vom Anwender. Es hilft natürlich, wenn man ein bisschen geschult ist in Interviewtechnik und Analysemethoden. Daraus wird dann das *Backlog* abgeleitet. Die Umsetzung erfolgt in *Sprints*, das *Backlog* dient dabei als Substanzgeber. *Sprint Planning, Sprint Review* und *Retro* führen das Projektteam schließlich zum Projektergebnis.

Es kann aber auch umgekehrt sinnvoll sein: Wenn man keinen konkreten Anwender hat, den man befragen kann, zum Beispiel beim Entwickeln eines Online-Shops, dann muss man sich herantasten. Dann ist das iterative, agile Vorgehen perfekt, um die Wünsche zu ergründen. Wenn sie bekannt sind, kann eine Umsetzung nach klassischem Vorgehen schnell und effizient sein. Es gibt viele weitere Möglichkeiten, nach einem Abschnitt die Methode zu wechseln.

b ***Kombination aus Rollen und Methodenelementen***
Hybrides Vorgehen kann auch bedeuten, Rollen und Methodenelemente zu mischen.

Ein Streit darum, welcher Weg nun der universell beste ist, ist so sinnlos wie der Streit um die beste oder einzig wahre Religion. Projektmethoden sind entwickelt worden, um den Handelnden im Projekt gute Instrumente an die Hand zu geben, mit denen sie einfacher und zielsicherer das Projektziel erreichen können. Sie sind nicht entwickelt worden um ihrer selbst willen, nicht um das Projektteam zum *Enabler* der Methoden zu machen, um sich ihnen zu unterwerfen. Sie sind das Instrument in den Händen des Projektteams. In manche Hände passt besser klassisch, in andere agil.

Wir kombinieren mit unserem *Gordischen Blick* das Beste aus agil und klassisch mit Erkenntnissen aus Persönlichkeitsentwicklung und Konfliktmanagement. Sinnvoll zusammengebracht ergeben sie einen Perspektivwechsel. Mit dieser neuen Sicht auf Projekte entstehen neue Möglichkeiten, um Herausforderungen im Projekt anders anzugehen und erfolgreich zu bewältigen.

2.3 PROJEKTE SCHEITERN UNABHÄNGIG VON DER METHODE

> ***Wer Projektmethoden nur formal verwendet, ohne sie wirklich zu leben, wird sich und seine Projekte niemals verbessern – egal ob agil oder klassisch.***
>
> *Gordischer Leitsatz Nr. 1*

Es gibt diverse Untersuchungen, Analysen und Statistiken zu den Erfolgen von Projektmanagement. Noch immer scheitern sechzig bis siebzig Prozent aller Projekte ganz oder teilweise[1], egal ob klassisch oder agil. Und irgendwie scheint sich einfach nichts daran zu ändern. Verschiedenste Studien belegen dies in zyklischen Abständen.

Die letzte mir bekannte Analyse ist von *Porsche Consulting* im Dezember 2022, wonach sieben von zehn Projekten scheitern. Zum gleichen Ergebnis kommt auch das *Project Management Institute*. Oder andersherum ausgedrückt: Nur neunzehn Prozent der Projekte werden laut der Studie „The Future of Project Management: Global Outlook 2019" erfolgreich abgeschlossen.

Was heißt das: Scheitern, ganz oder teilweise? Das bedeutet, dass diese Projekte nicht so abgeschlossen werden, wie gedacht und erwünscht. Manche scheitern so grundlegend, dass alles, was begonnen wurde, für die Mülltonne ist. Zum Glück sieht es bei den meisten Projekten besser aus, da bleibt wenigstens ein bisschen, was genutzt werden kann. Ist das Projekt Elbphilharmonie gescheitert? Ich als Hamburgerin würde sofort sagen: Nein. Sie war teuer, sie war langwierig. Aber jetzt ist sie da, unsere Elphi. Wie sieht das mit dem Berliner Flughafen aus? Zu teuer auf jeden Fall und zu langwierig auch. Aber die Flugzeuge fliegen. Er wird genutzt,

---

1 Quellen der Angaben stammen aus verschiedenen Studien, z.B.:
67% der Projekte scheitern lt. der Studie „PMI pmi-pulse-2020-final".
Nur 19% der Projekte erfolgreich abgeschlossen lt. der Studie „The Future of Project Management: Global Outlook 2019".
Sieben von zehn Transformationsprojekten scheitern, ergibt eine aktuelle Studie von Porsche Consulting, veröffentlicht im Manager Magazin 12/2022.

so, wie mal gedacht. Also auch nicht komplett gescheitert. Bei vielen IT-Projekten sieht es anders aus. Sie gelten als ganz oder teilweise gescheitert, wenn das Ergebnis nicht oder nicht vollständig nutzbar ist. Interessant dabei ist, dass die Methodik, ob agil oder klassisch, keinen Unterschied macht. Dabei hat die agile Sichtweise einige Elemente verbessert, die für das Scheitern verantwortlich gemacht wurden: keine Flexibilität, keine Anpassungsmöglichkeit, zu starr. Klassische Projekte wurden ebenfalls weiterentwickelt. *Tollgate*-Modelle und Risikobetrachtungen, um nur zwei zu nennen. So viele Instrumente, die so logisch klangen. Und trotzdem.

Das heißt für jeden Projektmanager, dass er, je nach Quelle, drei bis vier von zehn Projekten gegen die Wand fahren lassen kann und trotzdem noch im Durchschnitt ist. Ich finde, das ist für jeden einzelnen, wenn es mal nicht klappt, eine beruhigende Aussage.

Die gute Nachricht ist, dass je nach Studie dreißig bis vierzig Prozent der Projekte erfolgreich abgeschlossen werden. Ist das Zufall? Sind hier einfach alle Rahmenbedingungen erfüllt, die wir als Voraussetzung erwarten und die uns in den Seminaren suggeriert werden? Genügend Ressourcen, Management-Unterstützung und Zeit? Keine Unwägbarkeiten und für die agilen Projekte das perfekte *Mindset* bei allen Beteiligten?

Seit fast zwanzig Jahren werde ich ins Boot geholt, wenn Projekte zu scheitern drohen. Warum gelingt es mir und anderen Projektmanagern Projekte doch noch zu drehen, die sonst verloren wären?

Die alles entscheidende Antwort ist so simpel, dass sie oft übersehen wird: Projekte sind in erster Linie die Interaktion zwischen Menschen. Und Menschen wollen gesehen, respektiert und geachtet werden. Menschen wollen wissen, woran sie sind. Sie wünschen sich Orientierung. Menschen brauchen Freiraum und Anerkennung. Alles in unterschiedlichem Ausmaß, aber ohne diese Voraussetzungen fühlen sich die Mitarbeiter fremdbestimmt. Achtung, Wertschätzung und maximale Transparenz sind Grundlage unseres Handelns bei **Gordion Projects**. Wenn diese Grundlagen missachtet werden, ist das Projekt zum Scheitern verurteilt. Davon sind wir inzwischen überzeugt.

Lassen wir also die Streitigkeiten über agil und klassisch beiseite. Nutzen wir die Methoden als wunderbare, praktikable, sinnvolle Instrumente. Der Gordische Blick, der im Folgenden beschrieben wird, schafft einen Rahmen, der es ermöglicht, diese Instrumente erfolgversprechender einzusetzen. Nicht mehr und nicht weniger.

Noch ein Einschub zu den angesprochenen Rollen: Um den Inhalt zu vereinfachen, sprechen wir allgemein vom Projektmanager, der auch stellvertretend für agile Rollen mit Verantwortung, wie *Product Owner*, Product Manager oder *Scrum Master*, steht.

2 KEIN METHODENSTREIT

Zeit für eine kleine Pause. Was kommt dir in den Sinn, wenn du dieses Kapitel auf dich wirken lässt? Worüber denkst du nach? Petra Menzel freut sich auf Feedback und Fragen.

autorenclub.de/pm2

Über den Zugang zur Internetseite der Autorin können die einzelnen Buchkapitel kommentiert werden. Neben Feedbacks sind auch Fragestellungen möglich, die die Autorin per Sprachnachricht oder E-Mail beantworten wird.

Entscheide selbst, ob du Petra Menzel persönlich Feedback geben möchtest oder deine Meinung mit der gesamten Leserschaft teilen willst. Falls Fragen zur Interaktion mit der Autorin aufkommen, beantwortet unser Verlagsteam diese gerne unter: leserfragen@marianprill-verlag.de

3 MECHANISMEN VERSTEHEN UND DIE PERSPEKTIVE VERÄNDERN

3.1 FANGEN WIR IN DER STEINZEIT AN

Projektmanagement gibt es schon so lange, wie es Zivilisationen gibt. Manche Akteure in der Geschichte der Menschheit haben Unglaubliches geleistet, wie die Erbauer von Göbekli Tepe. Es waren Jäger und Sammler, die in der wenigen Zeit, die sie nicht mit Nahrungsbeschaffung verbrachten, einen Ort der Gemeinschaft schufen, um Gedanken auszutauschen und Göttern zu huldigen.

Oder alle, die am Bau der Pyramiden von Gizeh mitwirkten. Sie errichteten beeindruckende Bauwerke, um ihrem Pharao den besten Platz im Jenseits zu ermöglichen, in der Hoffnung, dass er von dort aus gut die zukünftigen Geschicke Ägyptens lenken würde. Oder die Handwerker, die die Schiffe der Seefahrervölker bauten. Über einen florierenden Handel verbanden diese Schiffe viele Orte rund um das Mittelmeer miteinander. Bis in die heutige Zeit setzen sich diese unglaublichen Projekte fort. So forschen zum Beispiel aktuell am Max-Planck-Institut für Plasmaphysik Wissenschaftler, die sich kein geringeres Ziel gesetzt haben, als das Energieproblem der Menschheit durch Kernfusion zu lösen.

All diese großen Leistungen wurden und werden von einer Gruppe von Menschen, zum Teil von sehr großen Gruppen, gemeinsam erbracht. Sie alle hatten und haben eine gemeinsame Vision, ein gemeinsames *Mindset* und ganz sicher eine gute Organisation. Die wenigsten der großen Projekte der Menschheit hatten Informationstechnologien, kannten Wasserfall-Modelle oder organisierten sich nach *Scrum*. Dass sie erfolgreich waren, steht außer Zweifel. Die Ergebnisse sind noch heute sichtbar und beeindruckend.

Wir wissen natürlich nicht, wie viele Fehlversuche es gab. Wir wissen nicht, ob, so wie heute auch, weit mehr als sechzig Prozent aller Projekte gescheitert sind. Wir sehen aber, welche davon erfolgreich waren. Es gibt also einen Weg, Projekte erfolgreich abzuschließen. Was bei gelungenen Projekten anders gelaufen ist, wollen wir verstehen, um Lösungen für unseren modernen Projektalltag abzuleiten.

3.2 PROJEKTE SIND INTERAKTIONEN ZWISCHEN MENSCHEN

Klassische Projekte werden definiert als einmalige Aktivität, zur Erreichung eines Zieles innerhalb eines zeitlichen Rahmens und in einer festgelegten Qualität. Gern wird dazu das bekannte Dreieck herangezogen, an dessen Spitzen die drei wesentlichen Kriterien stehen: *Time, Budget* und *Quality*. Je nach Lehre gibt es unterschiedliche Schwerpunkte. Die einen nehmen die Analysephase mit hinein, die anderen lassen sie außen vor. Die einen betonen interdisziplinäre Zusammenarbeit, den anderen ist es ganz egal, wie viele Menschen an einem Projekt arbeiten. Auch eine Person allein kann ein Projekt umsetzen. Agile Projekte dagegen sind im Allgemeinen wertebasiert, ohne feste, universelle Definition, was ein Projekt ist.

Auf Basis dieser Definition werden Projekte geplant und bewertet. Jeder Projektmanager kennt Statusrunden, in denen er über das Projekt berichten muss, auf Grundlage dieser drei Kriterien. Oft ist es keine leichte Situation, oft sogar ein Spießrutenlauf, wenn das Projekt unerwartete Herausforderungen überwinden muss. Und selbst bei agilen Vorgehensweisen steht die Frage im Raum: Wie lange dauert es noch?

Diese Sicht auf Projekte ist sehr nüchtern. Sie beschreibt meiner Erfahrung nach nicht das Wesen eines Projektes. Die großartigen Leistungen unserer Vorfahren sind anders entstanden. Projekte sind in erster Linie Interaktionen von Menschen, gemeinsam lassen sie eine Vision Wirklichkeit werden.

Das mag jetzt für manche seltsam und unsachlich klingen: Interaktionen zwischen Menschen? Visionen? Das ist nicht konkret und messbar. Das passt doch nicht in unsere technisierte Welt.

Ist nicht genau das das Problem? Wir haben uns in den letzten Jahrzehnten, seit der Entwicklung der Informationstechnologie, zu weit von den handelnden Menschen entfernt. Projekte werden nicht von Maschinen ausgeführt, nicht einmal KI-gesteuerte Roboter werden in absehbarer Zeit Projekte kreativ umsetzen können. Projekte bestehen bis heute aus Menschen, die sich zusammentun, um ein gemeinsames Ziel zu erreichen. Warum finden die Menschen also so wenig Beachtung in Projektmanagement-Methoden? Agile Teams setzen wenigstens das *Retro* ein, so können „Störungen" im Projektablauf, die von den Umsetzern verursacht werden, angesprochen werden. Reicht das? Ist es nicht zwingend notwendig, die *Interessen* und *Bedürfnisse* aller Beteiligten, also auch die der Auftraggeber und Anwender, jeden Projekttag in den Mittelpunkt zu stellen?

Es sind die Menschen, die entscheiden, ob das Projekt erfolgreich wird oder nicht. Sie gestalten oder verzagen, sind mutlos oder kreativ. Jeder einzelne entscheidet durch sein Handeln, ob das Projekt gelingt oder nicht.

Der IT-Entwickler entscheidet durch persönlichen Einsatz, ob ein sinnvoller Plan eingehalten werden kann oder nicht, ob seine Software viele oder wenige Fehler enthält, ob er über den Tellerrand hinausdenkt und sein Wissen in die Gesamtprojektlösung integriert, oder ob er einfach vorgegebene Aufgaben nach vorgegebener Beschreibung umsetzt. Jeder Auftraggeber entscheidet, ob er stur eine vorgegebene Lösung, die sich als smartes Ziel im Projektziel niederschlägt, verfolgt, oder ob er dem Projektteam die Kreativität lässt, selbst großartige Lösungen zu finden. Er trägt dazu bei, wie realistisch ein Projektplan sein kann oder wie sehr er unter Druck komprimiert wird und damit den Projekterfolg von vornherein unrealistisch macht. Jeder Anwender[2] entscheidet über den Projekterfolg mit, indem er lösungsorientiert und kompromissbereit ist, indem er seine Anforderungen so formuliert, dass sie widerspruchsfrei und eindeutig sind. Der Projektverantwortliche entscheidet selbst, ob er kreativ nach Lösungen sucht, wenn Rahmenbedingungen unzureichend sind, oder ob er die Mitarbeiter motiviert oder orientierungslos zurücklässt.

Jeder Einzelne entscheidet für sich, wie stark und offen er sich in das Projekt einbringt oder eben nicht. Warum lassen wir uns von *Budget* und *Time* oder *Sprints* steuern, statt von den Menschen selbst und ihren Kompetenzen, Bedürfnissen und Erfahrungen?

Es geht dabei nicht um Altruismus. Es ist absolut egoistisch aus Sicht des Projektmanagers, dessen Aufgabe es ist, Projekte erfolgreich abzuschließen. Egoistisch aus Sicht des Auftraggebers, der keine Fehlinvestitionen will. Und egoistisch aus Sicht des Anwenders, der schließlich auf das Ergebnis wartet und nicht enttäuscht werden möchte.

---

2 Wenn ich von Anwender spreche, bezieht sich das auch auf Kunden.

3.3 DIE EIGENE BLICKRICHTUNG ÄNDERN

Viele Projektmanager sehen sich als jemanden, der von außen das Team bewegt nach den Vorgaben der jeweiligen Methoden. Er gibt Anweisungen, schafft Rahmen, verteilt Aufgaben, gibt den Status zurück. Er sieht sich oft dabei nicht als Teil des Teams. Wir wissen inzwischen, dass Projekte nur dann erfolgreich sind, wenn die Interaktionen zwischen allen Beteiligten gelingen. Auch der Projektmanager sitzt mit im Boot. Er muss seine Sicht auf das Projekt ändern und seinen Platz nach innen verlegen, damit die Herausforderungen gemeistert werden können.

3.3.1 VOM AUFTRAG ZUM ENGAGEMENT

Wenn der Projektmanager sich selbst als Außenstehender verortet, gibt ihm das oft das Gefühl nur die ausführende Hand des Auftraggebers zu sein. Der Projektmanager erfüllt dann den Auftrag, den ihm der Auftraggeber übergeben hat. Einen Auftrag! Ja, so ist das im Job, denken vielleicht manche. Mein Chef sagt mir, was zu machen ist, und ich mache es. Das ist mein Auftrag. Es ist ja kein Kindergeburtstag.

Ja, so kann man sein Berufsleben empfinden. Gern. Doch dann übernehmen Sie bitte keine Projektaufträge. Denn in Projekten geht es um Menschen. Jeder Mensch mag es deutlich lieber, wenn er Spaß an seiner Arbeit hat, wenn seine Arbeit ihn ausfüllt und befriedigt. Wie wollen Sie den Spaß ins Projekt bringen, wenn Sie selbst keinen haben? Wie wollen sie das Beste aus den Menschen herausholen, wenn Sie sie von außen betrachten? Wenn Sie sich und Ihre Emotionen nicht einbringen?

Das wird schwer. Deshalb sehen wir mit dem *Gordischen Blick* den Projektmanager als einen lebendigen Teil des Projektteams. Mit Empathie und Drive. Empathie verbindet Menschen. Empathie ist das, was uns als soziales Wesen ausmacht. Und genau diese Fähigkeit hilft auch beim Projekt. In dem Moment, in dem ich mich zugehörig fühle, teile ich Emotionen, meine eigenen und die der anderen. Ich kann mitfühlen, wenn mein Gegenüber etwas belastet. Oder er sich besonders gut fühlt, wenn er zum Beispiel die Lösung für ein hartnäckiges Problem gefunden hat. Die emotionale Verbundenheit macht jeden zum Teil des Teams und sorgt dafür, dass er nicht nur einen Auftrag umsetzt. Teilhabe führt zu Engagement. Sie fördert den Teamgeist und damit starten Sie den inneren Motor des Projektes. Die neue Sichtweise verändert jedoch noch mehr.

3.3.2 VON RESSOURCEN ZU PARTNERN

Als Projektmanager sind wir es gewohnt, von Ressourcen zu sprechen, wenn wir das Projekt planen. Wir sprechen über fehlende oder falsche Ressourcen und über *Resource Staffing*. All das ist technisch korrekt, aber nur bedingt nützlich. Klar, wenn wir einen Plan machen, müssen wir wissen, welche Kompetenzen in welchem Umfang wann benötigt werden und suchen dafür Mitarbeiter, die diese Kompetenzen haben. Und um zu planen, addieren wir die benötigten Zeiten pro Kompetenzen auf und sortieren sie in den Plan ein.

Planung ist also ein eher sachlicher Vorgang, zu dem sachliche Objekte besser passen als Menschen mit Interessen und Bedürfnissen. Ich bin selbst auch wenig empfindlich, denn ich weiß, dass ein paar technokratische Elemente zum Projektmanagement dazugehören und in ihrer Form gut und wichtig sind. Es ist jedoch ein großer Unterschied, ob ich nur die Sprache dem technischen Vorgang anpasse, oder ob ich diese Einstellung auch in mir trage. Wenn man das Projekt von außen betrachtet, läuft man sehr schnell Gefahr, genau bei diesen Objekten des Projektes zu bleiben. Nur wer möchte schon gern als Ressource gesehen werden? Die wenigsten.

Wenn wir von innen heraus das Projekt bewegen, verwandelt sich jeder einzelne von der Ressource zum Partner. Partner sind wieder Menschen. Partner können wieder mit ihren Interessen und Bedürfnissen wahrgenommen werden. Partner sind auf Augenhöhe. Partnern tut man Gutes. Alle Partner zusammen bilden ein wirkungsvolles Team. Und der Projektmanager ist mittendrin statt außen vor.

3.3.3 VOM SACHLICH-METHODISCHEN BLICK ZUM WIRKEN ALS MENSCH UNTER MENSCHEN

Projektmanagement-Methoden sind ganz wunderbar. Mit ihnen können wir Projekte gut abwickeln, egal ob agil, klassisch oder hybrid. Wir haben Instrumente, die wir in bestimmten Situationen einsetzen können und die uns die Projektorganisation erleichtern. Wir verstehen durch die Methoden, welche Rollen mit welchen Verantwortungen das Projekt braucht. Mit Tipps und Tricks strukturieren wir Projektabläufe. In diesen Methoden stecken unendlich viele Erfahrungen von Menschen, die vor ähnlichen Aufgaben standen. Projektmanagement Methoden sind erprobt und bewährt. Herrlich! Allerdings sind sie nur Handlungsempfehlungen. Leitplanken. Modelle. Vereinfachte Abbildungen der Wirklichkeit.

Leider haben sich Methoden mancherorts verselbständigt. Sie werden vermittelt als ultimative Vorgehensweise. Der Projektmanager, die Projektorganisation haben sich genau daran zu halten, da sonst der Projekterfolg scheinbar gefährdet wird. Das habe ich im klassischen Kontext erlebt. T*ollgates* wurden eingerichtet, die die nachfolgende Projektphase erst zuließen, nachdem die vorherige durch ein aufwendiges Abnahmeverfahren vollständig abgeschlossen war. Auch Vertreter von agilen Methoden richteten sich sklavisch nach *Scrum*. So stark war ihre Hingabe dafür, dass sie forderten Mitarbeiter „rauszukicken", wenn diese sich dem Prozess der Selbstorganisation nicht anpassen wollten. Was für ein Irrsinn.

Was führt zu diesen fundamentalen Einstellungen? Auf der einen Seite ganz sicher der Wunsch, möglichst störungsfrei zum Projekterfolg zu gelangen. Auf der anderen Seite aber auch die Entmenschlichung der Projekte. Wenn wir Projekte in erster Linie als technisches Konstrukt sehen, die als Auftrag abgewickelt werden sollen mit Ressourcen, die geplant und verschoben werden können, und der Projektmanager sich als emotional unbeteiligter Ausführender sieht, ist es leicht, das ganze Projekt als technische Abwicklung eines Auftrages zu sehen. Und dann braucht sich kein Projektmanager mit dem Wesen Mensch und all seinen unterschiedlichen Ausprägungen auseinanderzusetzen.

Dann passiert etwas, das keiner will. Projektmanager verlieren die Fähigkeit, Lösungsmöglichkeiten zu erkennen und sich dafür einzusetzen. Statt eigener Kreativität und Verantwortungsbewusstsein fordern sie Rahmenbedingungen ein, die von außen erschaffen werden müssen. Dazu gehören zum Beispiel genügend Ressourcen, genügend Zeit, das richtige *Mindset*. Sie fühlen sich nicht als der innere Motor eines Projektes. Die Verantwortung für, die Freude an und die Fähigkeit zu kreativen Lösungen geht mehr und mehr verloren. Ich vermute, dass das die Hauptursache ist, wenn Projekte scheitern.

Projektmanagement-Methoden sind kluge Ideen und Instrumente, die uns helfen können, Projekte erfolgreich umzusetzen. Nicht mehr und nicht weniger. Hören wir auf, Projekte den Modellen anzupassen und auf alles zu schimpfen, was Realität ist. Dann können wir als Projektmanager Mensch sein unter Menschen. Übernehmen wir wieder selbst Verantwortung für den Projekterfolg! Diese Veränderung schafft nicht nur eine neue Chance auf den Projekterfolg, sondern gibt uns die Garantie dafür. Das mag eine steile Aussage sein.

3 MECHANISMEN VERSTEHEN UND DIE PERSPEKTIVE VERÄNDERN

Zeit für eine kleine Pause. Was kommt dir in den Sinn, wenn du dieses Kapitel auf dich wirken lässt? Worüber denkst du nach? Petra Menzel freut sich auf Feedback und Fragen.

autorenclub.de/pm3

Über den Zugang zur Internetseite der Autorin können die einzelnen Buchkapitel kommentiert werden. Neben Feedbacks sind auch Fragestellungen möglich, die die Autorin per Sprachnachricht oder E-Mail beantworten wird.

Entscheide selbst, ob du Petra Menzel persönlich Feedback geben möchtest oder deine Meinung mit der gesamten Leserschaft teilen willst. Falls Fragen zur Interaktion mit der Autorin aufkommen, beantwortet unser Verlagsteam diese gerne unter: leserfragen@marianprill-verlag.de

4 ROLLENBASIERTE INTERESSEN BESTIMMEN DAS HANDELN

Mit Hilfe des *Gordischen Blicks* werden die *Interessen* und *Bedürfnisse* aller Beteiligten berücksichtigt. Wir stellen sie in den Mittelpunkt unseres Handelns und richten das Projekt danach aus. Wir verteilen die Projektaufgaben danach, und wir schauen, dass am Ende des Projekts die *Interessen* und *Bedürfnisse* aller am Projekt Beteiligten erfüllt sind. Mit der Ausrichtung auf *Interessen* und *Bedürfnisse* verändert sich der Blick auf das Projekt grundlegend. Das ist ein Paradigmenwechsel. Es geht nicht mehr um Time und Budget, auch nicht darum, agil ein Ziel zu erreichen. Es geht um nichts Geringeres als darum, dass die Menschen, die das Projekt tragen, mit dem Ergebnis zufrieden sind. Und zwar alle! Sowohl der Auftraggeber als auch die Anwender und auch die, die das Projekt umgesetzt haben.

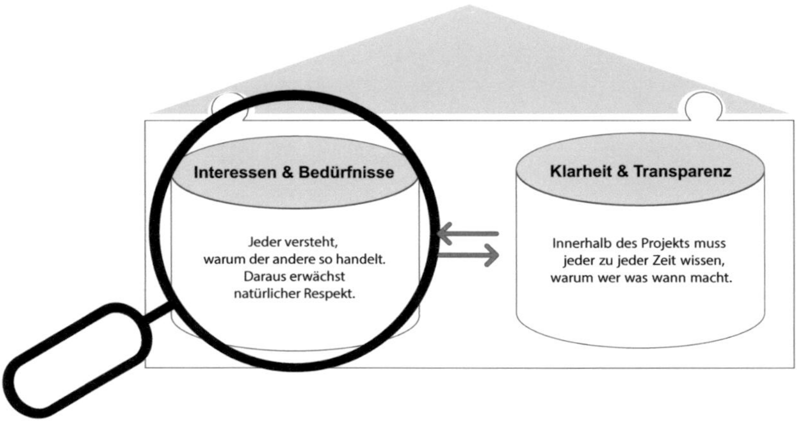

Die Säulen des Gordischen Blicks: Interessen und Bedürfnisse

Jeder Mensch hat Interessen. Und Bedürfnisse. Gibt es da einen Unterschied? Wir nutzen beide Begriffe, um unterschiedliche Motivationsquellen zu beschreiben. Die Interessen einer Person ergeben sich aus der Rolle, die sie im Gesamtgefüge einnimmt, und ihrer Verantwortung dafür. Bedürfnisse hingegen sind die sehr persönlichen Beweggründe einer Person für ein bestimmtes Handeln.

Menschen handeln unterschiedlich. Das ist abhängig von ihrer Rolle und Verantwortung im Leben. Uns interessieren hier nur die Rollen und Verantwortungen, die im Rahmen eines Projektes entstehen. Sie sind übertragbar von rein wirtschaftlich motivierten Projekten auf andere Projekte, zum Beispiel den Bau eines Einfamilienhauses, bei dem der Auftraggeber meist eine Privatperson ist. Oder auf Projekte in der Geflüchtetenhilfe, deren Ausrichtung in erster Linie humanitär statt wirtschaftlich ist.

Egal, was für eine Art Projekt es ist, es gibt immer Auftraggeber, Anwender und Umsetzer. Das IT-Projekt in einem Wirtschaftsunternehmen, das eine digitale Lösung für interne Prozesse finden soll, braucht diese Beteiligten. Es gibt einen auftraggebenden Manager. Es gibt Anwender im Fachbereich, die anschließend mit der Lösung arbeiten werden. Und es gibt Umsetzer, die die IT-Lösung entwickeln, programmieren und installieren.

In einem Geflüchtetenprojekt gibt es eine karitative Organisation oder den Staat als Auftraggeber. Sie sorgen für das benötigte Geld und stellen oft Material wie Zelte oder Gelände und Gebäude für die Unterbringung bereit. Oft sind die gleichen Organisationen auch die Umsetzer, das heißt diejenigen, die die Geflüchtetenunterkunft einrichten, mit unterschiedlicher Kompetenz ausstatten und leiten. Und dann gibt es die Geflüchteten, die als Anwender die Unterkunft nutzen.

Bei dem Bau eines Einfamilienhauses haben wir die Familie als Auftraggeber, die den Bau bezahlt, gegebenenfalls mit Krediten einer Bank. Gleichzeitig sind sie die Anwender, die später im fertigen Haus leben werden. Die Architekten und Bauausführenden sind in diesem Fall die Umsetzer. Bei einem Mehrfamilienhaus sieht es oft anders aus, da ist der Auftraggeber oft nicht selbst Anwender. Manchmal ist er auch Umsetzer, wenn der Auftraggeber selbst Bauunternehmer ist.

Die drei Rollen, die es in jedem Projekt gibt, müssen nicht immer zwangsläufig aus unterschiedlichen Personen bestehen. Manche Rollen werden durch viele Personen ausgefüllt, manche nur durch eine Einzelperson. Manchmal vereint eine

Person mehrere Rollen. Jedes Projekt braucht genau diese drei Rollen. Je nach Rolle, verändert sich das Interesse. Oder anders: Jede Rolle prägt ein bestimmtes Interesse aus.

4.1 DIE INTERESSEN DES AUFTRAGGEBERS

> ***Wer ein Projekt als singuläres Ereignis sieht, wird sich irgendwann verloren fühlen und scheitern. Ein Projekt ist immer Teil des gesamten Unternehmens.***
>
> *Gordischer Leitsatz Nr. 2*

Der Auftraggeber erteilt den Auftrag zu einem Projekt. Er hat eine bestimmte Idee, die er zum Leben erwecken möchte, Und er ist für die finanzielle Seite verantwortlich. Entweder finanziert er das Projekt aus eigenen Mitteln oder arbeitet mit Fremdkapital. Meist ist der Auftraggeber ein Manager, der das Budget verwaltet, vielleicht der Geschäftsführer oder ein ihm unterstellter Manager in mittlerer Position. Wichtig ist, dass der Auftraggeber ein Grundinteresse an Wirtschaftlichkeit hat. Beim Geschäftsführer einer Kapitalgesellschaft ist diese wirtschaftliche Verantwortung für das Unternehmen sogar Teil der rechtlichen Definition eines Geschäftsführers. Jeder Bauherr muss mit dem verfügbaren Geld wirtschaften und auch die Vereinten Nationen haben nur begrenzt Spendengelder zur Verfügung.

Der Auftraggeber ist also kein Geizkragen, wenn er immer wieder sehen und hören möchte, wo sein Geld bleibt. Auch ist es absolut legitim, dass er darauf drängt, dass der Budgetplan eingehalten wird. Das ist nicht nur sein Recht, sondern auch seine Pflicht. Es kann sein, dass wir Budgetpläne nicht mögen, sie am liebsten ignorieren, wir empfinden sie als Beschränkung. Aber wir können sie nicht wegdiskutieren. Das Interesse an der wirtschaftlichen Umsetzung eines Projektes ist immer gegeben. Also sollten wir genau dieses Interesse berücksichtigen. Nicht als Geißel empfinden, sondern als Teil des Spiels. Ohne Geld kein Projekt. Es ist wichtig dieses Interesse uneingeschränkt zu akzeptieren. Nur dann ist es möglich, dem Auftraggeber respektvoll zu begegnen, auf Augenhöhe, um im Bedarfsfall auf Augenhöhe Lösungen und Veränderungen zu diskutieren.

Wer dieses Interesse des Auftraggebers versucht zu ignorieren oder gar zu diskreditieren, der kann im Umkehrschluss nicht erwarten, dass der Auftraggeber bereit ist, Kompromisse einzugehen. Will man ein Projekt gemeinsam erfolgreich abschließen, muss man dieses Interesse als Teil des Gesamtkonstruktes respektieren.

Der Auftraggeber hat noch weitere Interessen, die durch seine finanzielle Verantwortung entstehen. Er ist daran interessiert, dass das Geld gut investiert ist. Das heißt, die Lösung soll eine bestimmte Qualität haben. Außerdem ist er interessiert daran, dass das Projektteam den Plan verbindlich umsetzt und der Zeitplan eingehalten wird. Denn für den Auftraggeber ist dieses Projekt meist nur ein Teil eines größeren Puzzles. Vielleicht warten Kunden auf das Ergebnis. Vielleicht ist das Projekt nur der Startschuss für weitere, darauf aufbauende Projekte. Vielleicht, wenn wir an das Einfamilienhaus denken, muss die Familie bis zu einem bestimmten Termin die bisherige Wohnung verlassen. Vielleicht müssen Geflüchtete vor dem drohenden Winter versorgt sein, um keine weitere humanitäre Katastrophe auszulösen.

Es ist gut, wenn das gesamte Projektteam die Zusammenhänge kennt. Je transparenter ein Projekt ist, desto mehr Akzeptanz für einzelne Schritte und Entscheidungen sind möglich.

Diese hier aufgeführten Interessen des Auftraggebers sind unmittelbar an seine Rolle und damit an die Verantwortung geknüpft. Sie hängen nicht an der Person. Übergibt ein Auftraggeber seine Verantwortung an einen Nachfolger, übernimmt dieser genau diese Interessen. Der Nachfolger, der bisher noch nicht in der Position des Auftraggebers war, hatte vorher vielleicht ein persönliches Interesse an der Wirtschaftlichkeit des Projektes, hat es beobachtet und sich Gedanken gemacht. Vielleicht aber auch nicht. Für das Projekt ist es unerheblich, was er vorher gedacht hat. Mit der Verantwortung übernimmt er unmittelbar das Interesse.

Interessen im Sinne des *Gordischen Blicks* sind gekoppelt an Rollen und Verantwortungen, nicht an handelnde Individuen. Das, was das Handeln der Verantwortlichen in der Persönlichkeit unterscheidet, nennen wir Bedürfnisse.

Ich bin Projektmitarbeitern begegnet, die sich nicht für die Interessen des Auftraggebers interessieren. Sie erwarten als Mitarbeiter oft ein *Backlog* mit einer Liste der Tickets, die sie abarbeiten sollen. Doch ist es klug, sich nur um seine eigenen Interessen zu kümmern, wenn man in einer Gruppe gemeinsam ein Ziel erreichen will? Der Gordische Blick schafft Transparenz und Verständnis für das ganze Team. Denn warum sollte der Auftraggeber Rücksicht auf die Interessen des Umsetzers nehmen, wenn es umgekehrt auch nicht erfolgt? Wenn jemand die *Interessen* und *Bedürfnisse* des Gegenübers nicht wahrnimmt, kann es keine respektvolle und konstruktive Zusammenarbeit geben. Genau diese brauchen wir jedoch für erfolgreiche Projekte.

Ein gutes Beispiel für eine respektvolle Zusammenarbeit auf Augenhöhe zwischen Auftraggeber und Projektmanagement erlebte ich in einem mittelständischen Unternehmen. Das Unternehmen war kurz zuvor von einem amerikanischen Investor übernommen worden, der hohe Ansprüche an Effizienz stellte. Als wir mit dem Investor über Zeit und Budget sprachen, stellte sich schnell heraus, dass die objektive Realität recht weit weg war von den Interessen der Holding. Auch die Mitarbeiter hatten Interessen. Sie waren ängstlich und besorgt. Sie brauchten die Sicherheit, auch während des Projektes Urlaub machen zu können und nicht in Überstunden unterzugehen. Also suchten die Geschäftsführerin und ich kreativ nach Möglichkeiten, um allen Interessen gerecht zu werden. Das Ergebnis war ein Kompromiss. Wir nutzten einen Wellenplan. Der Plan basierte auf Arbeitszeit ohne Überstunden und mit Urlaub. Gut für die Mitarbeiter. Andererseits ermöglichte diese Vorgehensweise im Falle eines schnelleren Vorankommens (aufgrund von sich sammelnden Erfahrungen im Projekt und sich wiederholenden Projektabläufen) eine Kürzung der nachfolgenden Wellen. Gut für die Investoren, wenn das Projekt früher abgeschlossen werden konnte.

Durch maximale Transparenz konnten alle, sowohl die Mitarbeiter als auch die Auftraggeber, jederzeit einsehen, wo sie stehen, was sie verbessern und beschleunigen konnten und was noch Zeit brauchte. Am Ende wurden wir etwas schneller fertig als ursprünglich geplant. Ich habe noch heute eine ausgesprochen gute Beziehung zur Geschäftsführerin.

4.2 DIE INTERESSEN DES ANWENDERS

Jedes Projekt ist für jemanden gedacht. Das heißt, das Ergebnis soll für eine Person oder eine Gruppe eine positive Veränderung bewirken. Bei Digitalisierungsprojekten geht es um die Unterstützung der Geschäftsprozesse durch IT. Bei Geflüchteten um die Abwendung menschlichen Leids. Beim Hausbau um die Schaffung von neuem Lebensraum.

Den Nutzer von internen Projekten nennt man Anwender, bei externen Projekten spricht man vom Kunden. In beiden Fällen haben sie die gleichen, rollenbedingten Interessen: Der Ausgangszustand soll verbessert werden. Dass zum Beispiel Geschäftsprozesse besser und einfacher umzusetzen sind. Dass es ein Produkt für den Kunden gibt, auf das er gewartet hat. Oder einen Service, der ihm das Arbeiten erleichtert.

In diesem Buch ist nur vom Anwender die Rede, auch wenn es sich genau genommen um den Kunden handelt. Der Anwender ist in unserer Gordischen Nomenklatur derjenige, der das Projektergebnis nutzen wird. Und genau daraus ergibt sich sein Interesse.

Der Anwender möchte nach Abschluss des Projektes eine Verbesserung haben. Diese muss er aus rein fachlicher Sicht beschreiben. Kein anderer kann es. Nur er weiß, was er will. Darum geht es in jedem Projekt, auch schon bei den Großprojekten der antiken und prähistorischen Zivilisationen. Anwender warten nicht gern auf die angekündigte Neuerung. Sie haben also wie der Auftraggeber auch ein Interesse daran, dass der versprochene Zeitplan eingehalten wird.

Dieses Interesse geht einher mit einer Verantwortung des Anwenders. In seiner Verantwortung liegt es, Lösungen, die der Umsetzer erarbeitet hat, zu testen und abzunehmen. Manchmal versuchen Anwender, ihrer Verantwortung zu entgehen. Das erschwert den Projektablauf.

Verlässt ein Anwender sein Team und damit das Projekt, erlischt meist auch das Interesse am Projektergebnis. Wechselt der Anwender die Rolle und handelt als Umsetzer oder Auftraggeber, sieht er das Projekt meist sofort aus einer veränderten Perspektive. Wie oft habe ich schon erlebt, dass dann schlagartig über die Gruppe, der er vorher noch angehörte, geschimpft wird. Der Ärger entsteht, weil die Person mit dem Wechsel der Position andere Interessen vertritt.

Konflikte zwischen Anwender und Umsetzer entstehen oft dadurch, dass beide unterschiedliche Interessen verfolgen. Der Umsetzer ist nicht betroffen von den Veränderungen, die das Projekt am Ende für den Anwender bringt. Der transparente Umgang mit allen Interessen wird sich durch alle Phasen des Projektes ziehen und ist ein wesentlicher Faktor für den Projekterfolg.

4.3 DIE INTERESSEN DES UMSETZERS

Der Umsetzer lässt die Idee des Auftraggebers Wirklichkeit werden. Er ist der Bauunternehmer, die Geflüchtetenorganisation oder die IT-Abteilung. Seine Rolle besteht darin, die Ideen des Auftraggebers so umzusetzen, dass die Anwender nach Abschluss des Projektes davon profitieren.

Für den Umsetzer sind die folgende Fragen elementar wichtig: Haben die Anwender das Vorhaben detailliert fachlich beschreiben, so dass der Umsetzer auch die passende Lösung erarbeiten kann? Lässt sich die Idee überhaupt umsetzen? Gibt es Herausforderungen für den Umsetzer und das Projektteam insgesamt?

Die Verantwortung des Umsetzers in diesem Gefüge besteht darin, dass die Verbesserung gelingt. Er nutzt jedoch das Ergebnis des Projektes nicht selbst. Sein Interesse ist es, großartige Lösungen zu finden. Das kann eine geniale IT-Lösung sein, eine einmalige farbliche Gestaltung der Fassade des Hauses oder ein tolles Konzept für die Unterbringung von Geflüchteten. Dass die Lösung den Erwartungen der Anwender entspricht, ist dabei die große Herausforderung. Die bestmöglichen Lösungen benötigen Zeit und Geld. Budgetgrenzen gehören nicht in zu den Interessen der Umsetzer.

Bei einem Projekt erzählte der Umsetzer dem Team mit leuchtenden Augen von einer Lösung, die er geschaffen hatte. Großartig. Genial. Einzigartig. Jetzt erwartete er Anerkennung. Aber die kam nicht. Von niemandem. Denn die von ihm geschaffene Lösung war für ein völlig unbedeutendes Nebenprodukt, das weder Priorität noch großen Nutzen für die Anwender hatte. Als sie enttäuscht reagierten, verstand der Umsetzer die Welt nicht mehr. Leider. Er war nicht in der Lage, die wirklichen Interessen der Anwender zu verstehen.

Ein kurzes Beispiel dafür, wie gut gemeint daneben gehen kann: Zaatari, das größte Geflüchtetenlager der Welt, liegt im Norden Jordaniens. Es wurde von dem Deutschen Kilian Kleinschmidt aufgebaut und geleitet. Er berichtete in einem Interview[3], mit wie vielen Ideen und Pragmatismus das Camp eingerichtet wurde. Sie statteten es mit Gemeinschaftstoiletten, Wasserspeichern und vor allem Zelten aus, da die Container zu spät angeliefert wurden. Stolz auf das Ergebnis war die Überraschung groß, als nach kurzer Zeit die Geflüchteten die Sache selbst in die Hand nahmen. Die Bewohner verteilten die Container. Markierte Bereiche, in denen die Container aufgestellt werden sollten, ignorierten sie. Sie verschoben die Container, funktionierten sie um oder zerlegten sie. Teile der Gemeinschaftstoilette montierten sie ab und bauten sich daraus private Toiletten. Wassertanks, die gemeinschaftlich genutzt werden sollten, wurden als Privateigentum angesehen. Der vorher so gut durchdachte Plan für das Camp scheiterte. Denn das, was die Umsetzer, also die Leitung des Camps, ursprünglich angenommen hatte, ging komplett an den Bedürfnissen der Anwender (Geflüchtete) vorbei.

In diesem Fall war die Konformität das Problem. Der letzte Grad an Würde, den Flüchtlinge sich bewahren, ist das Recht auf Individualität. Mit dieser Erkenntnis und dem entsprechenden Respekt davor wurde das Leben im Camp neu organisiert. Die Vorstellungen der Leitung und die der Bewohner wurden aufgenommen und diskutiert. Aus diesem Prozess entstand ein neues Konzept. Das Ergebnis, das daraufhin viele Jahre erfolgreich funktionierte, war eine ganz neue Stadt mit Gemeinschaftszentrum, Geschäften und Wohnvierteln.

---

3 Ich habe dieses Interview vor vielen Jahren im Deutschlandfunk gehört und darf es mit Zustimmung Kleinschmidts hier mit meinen eigenen Worten wiedergeben.

4.4 DIE INTERESSEN DES PROJEKTMANAGERS

Bisher wurde die Rolle des Projektmanagers außen vor gelassen. Welche Position nimmt er in dem Dreieck ein? Alle Ecken sind doch schon besetzt.

Der Projektmanager steht genau in der Mitte des Dreiecks. Er ist der Jongleur, der die *Interessen* und *Bedürfnisse* seiner Mitstreiter möglichst im Gleichgewicht hält. Sein Interesse ist es wiederum, alle *Interessen* und *Bedürfnisse* in Einklang zu bringen. Das Projekt ist nur dann erfolgreich, wenn am Ende alle zufrieden sind. Ihm gelingt das, wenn er die beiden Säulen des *Gordischen Blicks* beachtet: *Achtung und Wertschätzung* auf der einen Seite und *Transparenz* auf der anderen Seite.

4.5 FAZIT

Aus dem handlungsleitenden Projekt-Dreieck von *Budget, Quality* und *Time* macht der Gordische Blick das Dreieck der unterschiedlichen Interessen der Rollen, die es in Einklang zu bringen gilt: Auftraggeber, Anwender und Umsetzer.

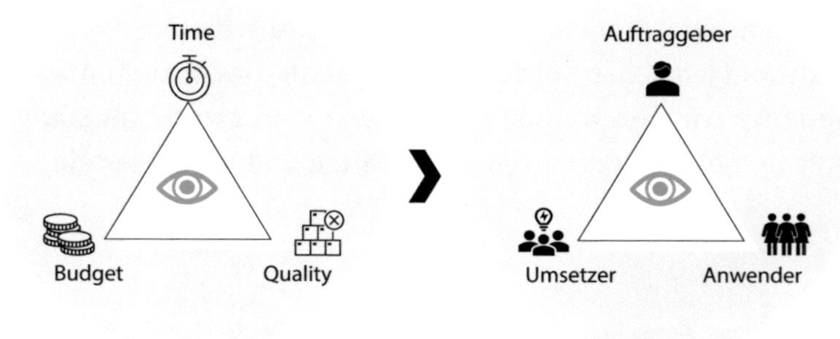

Das Gordische Dreieck

Jetzt mag der eine oder andere argumentieren, dass es doch aber wichtig ist, dass Projekte in *Time and Budget* abgeschlossen werden und auch die Qualität stimmt. Die Antwort ist: Ja, klar. Denn das einzuhaltende Budget ist das Interesse des Auftraggebers. Eine gute Lösung zu entwerfen, also Qualität, ist das Interesse des Umsetzers. Und das zusammen mit dem Wunsch, dass die Veränderung möglichst schnell geschieht, ist das Interesse des Anwenders, denn er freut sich darauf. Es ist nicht im Interesse des Umsetzers, gehetzt zu werden und dem Anwender ist das Budget egal. Wenn diese Unterschiede nicht berücksichtigt werden, wenn die drei Erfolgskriterien undifferenziert über das gesamte Projekt gestülpt werden, und einfach nur erwartet wird, dass alle diese Interessen gleichermaßen teilen, verliert oft das gesamte Projektteam die Motivation. Erst recht, wenn dann noch weitere Herausforderungen hinzukommen wie fehlende Ressourcen.

Wenn aber das jeweilige Interesse in den Vordergrund gestellt wird, erlebt das Team eine differenzierte Wertschätzung, die die Motivation steigert. Alle Interessen zusammen erfüllen, das sind dann wieder die drei Erfolgskriterien, aber eben auf anderem Wege.

4 ROLLENBASIERTE INTERESSEN BESTIMMEN DAS HANDELN

Zeit für eine kleine Pause. Was kommt dir in den Sinn, wenn du dieses Kapitel auf dich wirken lässt? Worüber denkst du nach? Petra Menzel freut sich auf Feedback und Fragen.

autorenclub.de/pm4

Über den Zugang zur Internetseite der Autorin können die einzelnen Buchkapitel kommentiert werden. Neben Feedbacks sind auch Fragestellungen möglich, die die Autorin per Sprachnachricht oder E-Mail beantworten wird.

Entscheide selbst, ob du Petra Menzel persönlich Feedback geben möchtest oder deine Meinung mit der gesamten Leserschaft teilen willst. Falls Fragen zur Interaktion mit der Autorin aufkommen, beantwortet unser Verlagsteam diese gerne unter: leserfragen@marianprill-verlag.de

5 BEDÜRFNISSE VERSTEHEN UND DEN PROJEKTERFOLG BESCHLEUNIGEN

5.1 ÜBER DIE PERSÖNLICHKEIT ZUM RICHTIGEN PLATZ IM TEAM

Bedürfnisse entstehen aus der Persönlichkeit eines Menschen. Sie sind von grundlegender Bedeutung für den Erfolg eines Projektes. Warum sind Bedürfnisse so wichtig?

Wie fühlt es sich an:

- Wenn man im Restaurant vom Kellner ignoriert wird?
- Wenn Sie mit Freunden zusammen wegfahren wollen, Ihre Wünsche aber nicht gehört werden?
- Wenn vor Ihrer Terrasse im Erdgeschoss dauernd Jugendliche Fußball spielen, obwohl dreihundert Meter weiter ein Bolzplatz ist?

- Wenn Sie als Manager um die Firma kämpfen, aber alle die Sparmaßnahmen boykottieren? Wenn Sie die IT nicht ernst nimmt?
- Wenn Sie als Entwickler dauernd über den Status reden müssen, Druck bekommen und keine Zeit haben, vernünftig nachzudenken?

Für niemanden fühlt sich das gut an. Keiner mag ignoriert werden, keiner mag ausgegrenzt sein von der Gruppe, zu der er gehört.

Wann sind Sie bereit, auf die Bedürfnisse anderer einzugehen?

- Wenn man sich liebt.
- Wenn man eng befreundet ist.
- Wenn der Wunsch des anderen auch der eigene Wunsch ist.
- Wenn der Wunsch des anderen keine Auswirkungen auf Sie hat.
- Wenn man die Beweggründe und Ziele des anderen kennt und nachvollziehen kann.
- Wenn man die Perspektive des anderen versteht.

Unsere Perspektive auf die anderen wird geprägt durch unsere eigenen Bedürfnisse und Interessen. Wir Menschen sind soziale Wesen. Wir möchten Teil einer Gruppe sein. Manche brauchen viele Menschen um sich herum, manchen reichen wenige. Ein Projekt hat per Definition ein Ziel, das alle miteinander verbindet. Es schafft Gruppenzugehörigkeit und eine gemeinsame Motivation.

Und es bietet noch mehr: Es gibt jedem einzelnen einen ganz besonderen Platz innerhalb des Projektes. Das entspricht dem Bedürfnis eines Menschen, als Persönlichkeit gesehen und anerkannt werden. Jeder möchte etwas beitragen zum Erfolg der Gruppe und dafür Anerkennung erlangen. Erst dann fühlt sich der Mensch richtig wohl.

Nun ist aber nicht allein die fachliche Kompetenz entscheidend dafür, ob man sich wohl fühlt und gesehen wird. Zur fachlichen Kompetenz kommt die soziale Kompetenz, die individuelle Persönlichkeit. Und da kann es schon mal krachen.

5.2 ZU MEHR ACHTUNG UND WERTSCHÄTZUNG DURCH PERSÖNLICHKEITSMODELLE

> ***Wenn die „Chemie" nicht stimmt, ist der andere nicht blöd, sondern genau die Ergänzung zum eigenen Ich, die man selbst nicht erbringen kann. Ein Hoch auf den Perspektivwechsel und die menschliche Vielfalt.***
>
> *Gordischer Leitsatz Nr. 3*

Warum können manche Menschen nicht mit anderen? Ich will hier keine psychologischen Grundlagen diskutieren. Das kann ich gar nicht. Ganz pragmatisch und auf das Projektmanagement anwendbar könnte man es so formulieren: Menschen mögen meist andere Menschen nicht, wenn sie anders sind. Warum? Weil sich die anderen anders verhalten, anders kommunizieren, andere Bedürfnisse oder Ideen haben. Das entspricht nicht dem eigenen, wertegeleiteten Handeln. Das ist fremd.

Wie bekommen wir es also hin, dass Konflikte auf der zwischenmenschlichen Ebene drastisch reduziert werden? Indem wir die unterschiedlichen Persönlichkeiten mit ihren individuellen Bedürfnissen transparent machen. Wenn man versteht, warum der andere so handelt, wie er handelt, ist es leichter auch die Unterschiede zu akzeptieren. Dann entsteht natürlicher Respekt und Konflikte auf der persönlichen Ebene werden drastisch reduziert.

Das ist also das Ziel, wenn wir hier im Rahmen des *Gordischen Blicks* über Bedürfnisse sprechen. Bedürfnisse sind nach unserer Definition, im Gegensatz zu den Interessen, persönlichkeitsbedingt. Wir alle haben Bedürfnisse. Wir alle mögen es gar nicht, wenn diese nicht gesehen, geachtet und wertgeschätzt, im schlimmsten Fall sogar ignoriert werden. Also ist die logische Konsequenz daraus, neben den Interessen auch die Bedürfnisse wahrzunehmen. Aber wie erkennen wir sie? Nicht jeder kann seine eigenen Bedürfnisse formulieren. Nicht jeder möchte sich so weit öffnen. Nicht jeder findet, dass Bedürfnisse in den Business-Kontext gehören.

Und doch erlebe ich immer wieder, dass die Augen leuchten, wenn sich jemand mit seiner Persönlichkeit und seinen Bedürfnissen anerkannt und wertgeschätzt fühlt. Ich erlebe immer wieder, wie sich Projektteams verändern, wenn jedem Teammitglied bewusst wird, wer welche ganz persönlichen Fähigkeiten aufgrund seiner Persönlichkeit hat und diese zum Wohle des Projektes einbringt.

Ich hatte vor vielen Jahren ein Aha-Erlebnis. Als ich während einer Schulung verstanden habe, wie toll es ist, dass Menschen um mich herum sind, die Eigenschaften und Fähigkeiten haben, die mir selbst fehlen. Strukturlose Details sind manchmal meine Schwäche. Ich habe dagegen gekämpft und regelmäßig verloren. Heute suche ich bei meinen Projekten als erstes die Menschen, die genau das einfach so können. Ihnen übergebe ich das Projektcontrolling, die Qualitätssicherung oder das Risiko-Management. Und glauben Sie mir: ich tue damit niemandem weh. Ganz im Gegenteil, die Menschen, denen ich Aufgaben zuordne, die ihrer Persönlichkeit entsprechen, leben auf, wachsen, machen hervorragende Arbeit. So wie ich ganz und gar aufgehe, wenn ich Strukturen im Chaos identifizieren darf oder wenn ich den Weg von A nach B finden soll. Andere wiederum haben geniale Ideen. Wie großartig ist es, diese Menschen im Projekt zu haben. Wie glücklich sind sie, wenn sie sich entsprechend ihrer Persönlichkeit austoben können. Wieder andere tun sich schwer mit Veränderungen. Wie schaffen sie es, bei Projekten mitzumachen, die per Definition zu Veränderungen führen? Früher nervten mich diese „Bewahrer" und ich versuchte ihnen aus dem Weg zu gehen. Heute weiß ich, dass sie die feinsten Antennen für Stimmungen haben, für vorschnelles Handeln und Aktionismus. Heute entstehen zwischen ihnen und mir nur noch selten Konflikte. Und genau das lässt sich auf alle Teammitglieder übertragen.

Wenn jeder versteht, warum der andere so handelt, wie er handelt, so denkt, fühlt und agiert, wenn jeder versteht, dass der andere das ausgleicht, was einem selbst fehlt, dann können wir uns nicht nur respektieren, sondern sogar dankbar und respektvoll miteinander umgehen. Das ist die beste Ausgangssituation, um gemeinsam ein Ziel zu erreichen. Und zwar auf dem schnellsten Weg.

Wenn jeder versteht, warum der andere so handelt, wie er handelt, entsteht natürlicher Respekt.

Gordischer Leitsatz Nr. 4

Ich erkenne die Bedürfnisse meines Gegenübers zum einen durch genaues Zuhören und Hinsehen. Ohne Hilfsmittel ist das schwer. Es gibt in der Persönlichkeitspsychologie verschiedene Modelle, das bekannteste ist wohl das DISG-Modell nach Farben. Ich arbeite gern mit einem ähnlichen Modell vom Junkers Institut aus Hamburg[4].

Ich möchte es kurz skizzieren. Jeder, der seine Projektmitarbeiter und deren Persönlichkeiten besser kennenlernen möchte, sollte unbedingt ein entsprechendes, professionelles Seminar besuchen. Ich bin keine Psychologin. Ich kann nur mein eigenes, adaptiertes Modell anbieten:

4 Erteilte Freigabe vom Junkers Institut Hamburg

IN DIE ZUKUNFT

Wohin noch?

emotional

- Ideen, Visionen, sieht die Zukunft
- Nach vorn gerichtet, kennt keine Schwierigkeiten/Hindernisse, Spinner
- Ist charismatisch, reißt mit, begeistert, ist abgehoben, hat die Bodenhaftung verloren

sachlich

- Läuft los, hat immer Lösungen
- Ist immer aktiv, rastlos ungeduldig, 80% reichen
- Weiß, wie es weitergeht, führt gern, ist ein Macher

Wie?

IN DIE VERGANGENHEIT

Warum?

Bewahren, das Bewährte schützen

Keine Veränderungen, erkennt Probleme und Gefahren, ist sehr sensibel/emotional

Hat ein feines Gespür für Spannungen, hilft gern, will missionieren

Sucht Sicherheit

120%, Zeit spielt keine Rolle, liebt die Details, legt sich nicht fest, Nerd

Setzt um, findet Fehler, überprüft alles ganz genau

Was?

Persönlichkeitsmodell: Eigene Adaption auf Grundlage des Junkers Instituts Hamburg

5.2.1 DIE WARUM-PERSÖNLICHKEIT

Die WARUM-Persönlichkeit ist jemand, die sich schwer tut mit Veränderungen. Sie bewahrt. Sie ist eher emotional und hat eine feine Antenne für Schwingungen zwischen Menschen. Sie nimmt früher als andere Konflikte und Unwohlsein wahr. Sie hilft gern und ist einfühlsam. Man findet sie bevorzugt in sozialen Berufen und in Betriebsräten. Eine WARUM-Persönlichkeit, die zu tief im Warum steckt, sieht sich schneller als andere als Opfer, empfindet die Welt oft gegen sich gerichtet. Manchmal ist sie sogar missionarisch unterwegs.

Jeder, der trauert, weil er einen Verlust erleben musste, der kann das Lebensgefühl der WARUM-Persönlichkeit nachempfinden. Er ist in diesem Moment der WARUM-Persönlichkeit nahe.

Vor Jahren kam ich in ein Projekt, dessen Ziel im ersten Moment keiner wollte. Keine Veränderung bitte! Der Start war also wirklich nicht leicht für mich. Mit Verständnis, Fragen und Verlockungen versuchte ich das Team für das Projektziel zu öffnen. Einer im Team war eine typische WARUM-Persönlichkeit. Noch unwilliger bei der bevorstehenden Veränderung als alle anderen. Die typische Frage: Warum machen wir das? Es hat doch keinen Sinn! Das Alte funktioniert schließlich sehr gut! Aber irgendwann traf ich mit meinen weiterentwickelten Ideen genau den Punkt, den sich die WARUM-Persönlichkeit wünschte. Und ab diesem Moment wurde das Projekt zum Selbstläufer. Weil nun die WARUM-Persönlichkeit hinter diesem Projekt stand. Und WARUM-Persönlichkeiten können sich besser als alle anderen in andere hinein-versetzen. Sie nehmen das Unwohlsein auf und reagieren mit Empathie und Verständnis und schaffen es, wenn sie wollen, jedem in seiner eigenen Not, seinen Ängsten, seinem Unwohlsein beizustehen und ihn sanft herauszuführen. Ich bin immer dankbar, wenn ich in *Change*-Prozessen, die mit vielen Ängsten einhergehen, WARUM-Persönlichkeiten im Team habe. Sie schaffen das, was alle anderen mit Vernunft und Weitblick nicht schaffen. Auch dieses Projekt konnten wir früher abschließen als alle angenommen hatten. Nicht zuletzt mit Hilfe der starken WARUM-Persönlichkeit.

5.2.2 DIE WAS-PERSÖNLICHKEIT

Die WAS-Persönlichkeit ist weniger emotional. Sehr ausgeprägte WAS-Persönlichkeiten nenne ich sogar emotionsfrei. Und das mache ich mit viel Respekt. Denn die WAS-Persönlichkeiten lassen sich nicht so schnell durch Emotionen irritieren oder aus der Bahn werfen. Sie beziehen sich auf Fakten. Fakten sind ihr Lebenselixier. Fakten, die die Welt beschreiben, mit denen sie drohende Risiken erkennen, lange bevor sie anderen sichtbar sind. Fakten dienen ihr, um jedes Risiko zu vermeiden, um Sicherheit für alle ihre Entscheidungen und ihr Handeln zu erlangen. Sie geht dafür tief ins Detail, erkennt jeden Fehler auf Anhieb und schafft auf Basis ihres faktenbasierten Wissens neue Lösungen. Dabei ist es ihr egal, wie lange es dauert. Zeit hat für ihr Handeln keine Bedeutung. Sie ist komplett im Hier und Jetzt. Entscheidungen fallen ihr eher schwer, da sich die WAS-Persönlichkeit nie sicher sein kann, alle Aspekte genügend betrachtet zu haben. Das Ziel, das sie antreibt, ist zweihundertprozentige Sicherheit. Wir finden sie oft in Ingenieursberufen und in der IT. Manchmal wird sie Nerd genannt. Jeder, der sich auf eine wichtige Aufgabe konzentriert, kann das Lebensgefühl der WAS-Persönlichkeit nachempfinden.

Ein Projekt, das ich nach der Übernahme gestoppt habe, um erst einmal aufzuräumen, brauchte dringend jemanden, der diese Aufräumarbeiten gut machen kann. Aufräumen hieß in diesem Fall Datenbereinigung. Ein mühseliges Unterfangen. Undankbar und zeitaufwendig. Ich hatte jemanden im Projektteam, der zu passen schien. Ein Mann, nicht mehr weit weg von der Rente. Klug. Pedantisch. Immer auf jeden Fehler hinweisend. Er war in meinem Projektteam, weil er vom Teamleiter abgestellt wurde, eigentlich ausrangiert. Für diese Aufgabe war er aber genau der Richtige. Er entwickelte eine Energie, die kaum jemand nachvollziehen konnte. Mit Konzepten, *Queries* und Ausdauer durchforstete er alle unsere Daten. Das dauerte. Natürlich. Langsam verloren die anderen im Team die Geduld. Ich eigentlich auch. Ich tröstete mich damit, dass niemand anderes diese Aufgabe so gewissenhaft umsetzen würde. Und dann kam der Tag, an dem uns der eigentlich aufs Abstellgleis geschobene Kollege das Ende seiner Arbeit verkündete. Das Ergebnis war kaum zu glauben: Es gab keine falschen Daten mehr! Mit einem Mal feierte ihn das ganze Team. Selbst die, die die Geduld verloren hatten, konnten ihre Freude über das Ergebnis nicht zurückhalten. Was für ein Erfolg für uns alle. Denn ab jetzt lief das Projekt rasend schnell. Das grundlegende Problem, das uns ausbremste, war beseitigt und das Team war enger zusammengerückt als je zuvor. Das alles hatten wir einer stark ausgeprägten WAS-Persönlichkeit zu verdanken.

5.2.3 DIE WIE-PERSÖNLICHKEIT

Die WIE-Persönlichkeit ist ebenfalls nicht sonderlich emotional, aber schnell. Sie geht schnell über den Flur, fällt schnell Entscheidungen. Achtzig Prozent der Informationen reichen ihr dabei völlig. Was sollen die Restlichen zwanzig Prozent noch bringen? Losgehen, Ziele haben, diese erreichen und neue Ziele setzen. Action. Motivation, Bewegung – das macht die WIE-Persönlichkeit aus. Der Macher. Der Ungeduldige. Er ist mit dem Kopf schon voraus. Wir finden ihn oft in Entscheidungspositionen. Ingenieure sind oft WIE-Persönlichkeiten mit Ideen und Lösungen. Lösungen sind überhaupt ihr Lebenselixier. Das WIE-Gefühl kennt vielleicht nicht jeder. Denn nicht jeder lässt sich in Situationen bringen, in denen es vorangehen muss. Wenn doch, dann lässt sich hier das Lebensgefühl der WIE-Persönlichkeit nachempfinden.

Ein Beispiel aus meiner direkten Geschäftspartnerschaft. Unsere Jüngste, sie ist eine ausgeprägte WIE-Persönlichkeit. Und das ist herrlich. Für sie gibt es keine unlösbaren Probleme. Egal mit welcher Herausforderung ich an sie herantrete, sie bleibt ruhig, stellt sehr vernünftige Fragen und antwortet mit möglichen Lösungen. So ausgeprägt erlebe ich es selten. Es gibt ja immer eine Lösung. Oft mehr als eine. WIE-Persönlichkeiten finden sie. Und zum Glück gibt es in so ziemlich jedem Projekt WIE-Persönlichkeiten. Sie kommen mit Lösungsvorschlägen, egal ob auf Anwenderseite oder auf Umsetzerseite, ganz sachlich durchdacht. Das geschieht meist unauffällig. Keine große Bühne. Einfach solide Arbeit jeden Tag.

5.2.4 DIE WOHIN-NOCH-PERSÖNLICHKEIT

Sie ist das Pendent zur WARUM-Persönlichkeit: Die WOHIN NOCH-Persönlichkeit ist ebenfalls sehr emotional, aber komplett in die Zukunft gerichtet. Visionen und Träume lassen diese Persönlichkeit aufleben und Ideen entwickeln, egal wie unrealistisch sie sind. Manche nennen sie Spinner. Auch sie sind ungeduldig und vergessen manchmal den Bezug zur Realität. Ein Gedanke, gerade erst ausgesprochen, ist in ihren Augen oft schon umgesetzt. Sie halten nicht fest, sie ziehen weiter, sie ziehen andere mit. Sie können begeistern und motivieren mit ihrer Begeisterung für die Zukunft. Jeder, der verliebt ist, kennt dieses Lebensgefühl.

Ich arbeitete einmal an einem Projekt, das eine ganz neue Technologie für Kunden zum Ziel hatte. Es ging darum, Stromverbrauch sichtbar zu machen, damit die Nutzer eine Sensibilität für unnötigen Verbrauch entwickelten. Es war hauptsächlich ein technisches Projekt: Wo wird der Strom gemessen, wie wird er angezeigt, welche Geschenke kann es vom Stromlieferanten geben? Heute ist das in aller Munde, damals war es revolutionär. Wir hatten keine Vorbilder, keine vorentwickelten Lösungsansätze. Mitten in unserem Projektteam war ein Visionär. Er glänzte in diesem Fall nicht mit technischen Neuerungen. Nur bei der grundsätzlichen Frage der Sensibilisierung wartete er mit einer genialen Idee auf: Um sie zu sensibilisieren, sollten die Nutzer mit ihren Kindern oft und gern auf das Display der Verbrauchsanzeige schauen. Und wie bekommen wir das hin? „Mit süchtig machenden Kinderspielen". Was für eine Idee. Natürlich war es nicht ernst gemeint. Diese Fähigkeit, alles neu zu denken und aus bestehenden Mustern auszubrechen, das macht eine WOHIN-Noch-Persönlichkeit aus. Die Kinderspiele im Hinterkopf, gestalteten wir Displays, die allen wirklich Spaß machten.

5.2.5 DIE RICHTIGE AUFGABE FÜR JEDE PERSÖNLICHKEIT

Kein Mensch lässt sich exakt auf eine dieser vier Persönlichkeiten festlegen oder gar reduzieren. Keine Persönlichkeit ist besser oder schlechter als die andere. Es geht nicht um Wertung, sondern um Verständnis. Wir alle sind mal mehr das eine oder das andere. Lebensumstände verändern sich und damit auch manchmal der Persönlichkeitsschwerpunkt. Und doch hat jeder erwachsene Mensch einen Schwerpunkt in diesem Modell. Er ist mehr im Hier und Jetzt oder in der Zukunft, ist mehr an Action und Veränderung interessiert als daran, an Bewährtem festzuhalten. Manchmal kann man beobachten, dass Menschen, denen es gut geht, in einem dieser Quadranten zu Hause sind, während sie sofort in einen anderen springen, wenn sich Herausforderungen stellen.

Auch wird in diesem Modell deutlich, wer fast unvermeidlich mit wem kollidiert: die WIE-Persönlichkeit in ihrer Ungeduld mit der WAS-Persönlichkeit, für die Zeit keine Rolle spielt. Oder der Visionär mit dem Bewahrer, um nur zwei Beispiele zu nennen.

Deshalb helfen dieses und vergleichbare Modelle dem Projektmanager und dem Team, zu erkennen, wer sich mit welchen Aufgaben besonders wohl fühlt. Wer wie im Team zum Gelingen des Projektes beitragen kann: Die WAS-Persönlichkeit eher durch Qualitätssicherung, die WOHIN-NOCH-Persönlichkeit durch Ideen und Konzepte. Die Modelle helfen dem Projektmanager, jedem einzelnen Teammitglied Aufgaben zuzuordnen, die ganz unabhängig von der fachlichen Kompetenz seiner Persönlichkeit entsprechen.

Matchen Sie Projektmitglieder, wenn keine passende fachliche Kompetenz vorhanden ist. Der eine bringt fachliche Kompetenz mit, der andere die passende Persönlichkeit. Sie werden wenig Erfolg haben, wenn Sie einer WARUM-Persönlichkeit die Aufgabe geben, ein Zukunftskonzept zu erstellen. Die WARUM-Persönlichkeit wird sich quälen, verfügt aber vielleicht über die benötigte fachliche Kompetenz. Stellen Sie der WARUM-Persönlichkeit eine WOHIN-NOCH-Persönlichkeit zur Seite. Zusammen werden sie wahrscheinlich eine großartige Zukunft beschreiben. Oder Sie nehmen eine WIE-Persönlichkeit und übergeben ihr die Aufgabe, eine riesige Excel-Liste nach Fehlern zu durchsuchen. Wieder eine Herausforderung, die fast nicht zu bewältigen ist für eine WIE-Persönlichkeit. Mit einer WAS-Persönlichkeit an ihrer Seite wird sich kein Fehler in der Liste verstecken können.

Probieren Sie es aus, benennen Sie die Bedürfnisse, wenn Sie glauben sie erkannt zu haben, vor dem gesamten Team. Wenn der Angesprochene sich wundert aufgrund ihrer Zuschreibung, dann liegen Sie falsch, haben aber nichts verloren. Sie sagen einfach, dass sie sich geirrt haben. Wenn Sie richtig liegen, ernten Sie leuchtende Augen. Und haben einen Mitarbeiter, der glücklich ist, Achtung und Anerkennung für seine Persönlichkeit bekommen zu haben.

Wenn Sie Stück für Stück die Bedürfnisse jedes einzelnen für alle transparent machen, werden alle Respekt empfinden. Dann versteht jeder, warum der andere so handelt, wie er handelt. Dann erkennt jeder, dass der andere zwar anders ist, aber dadurch einen Beitrag zum Projekt leisten kann, den er selbst nicht erbringen kann. Darum geht es, wenn wir über Projekterfolg sprechen.

5.3 TEAMFÜHRUNG ALS AUFGABE DES PROJEKT-MANAGERS

> ***Projekte scheitern selten an fehlender Fachkompetenz, aber oft fehlt die Kompetenz, ein Team zum Ziel zu führen.***
>
> *Gordischer Leitsatz Nr. 5*

Wer kümmert sich um die richtige Ausrichtung der Interaktionen? Da gibt es genau eine Antwort: der Projektmanager. Seine Aufgabe und damit Verantwortung ist es, das Projektteam zu führen, so dass es effizient das Projektziel erreichen kann. Nur was bedeutet Führung? Führung bedeutet, Wollen, Denken, Handeln und Wirken aller Akteure auf das Projektziel hin auszurichten.

WOLLEN bedeutet, dass alle das Projektziel erreichen wollen. Alles, was wir bisher hier geschrieben haben, sollte verdeutlichen, wie sehr das Projekt davon profitiert, wenn alle bestmöglich mitarbeiten **WOLLEN**. Motivation, die sich aus *Achtung* und *Wertschätzung* ergibt, aus einer Vision, für die es zu kämpfen lohnt mit Anforderungen und Lösungen, die die Vision lebendig werden lassen. Zusammen. Gemeinsam. Jeder an seinem besten Platz.

DENKEN, dahinter verbirgt sich die Steigerung des Wollens, nämlich gedanklich alles auf das Erreichen des Projektzieles auszurichten. Lösungen zu finden, auch wenn die Rahmenbedingungen nicht optimal oder sogar schwierig sind. Ideen entwickeln, wenn sie benötigt werden, kreativ sein, wenn es stockt. Über den Tellerrand zu schauen, mitzudenken, wenn es nicht um das eigene Thema geht, hohe Qualität zu liefern. Das alles ist für ein gutes Projektteam selbstverständlich. Sie als Projektmanager schaffen die Bedingungen dafür.

HANDELN ist noch eine weitere Steigerung oder anders ausgedrückt: Machen ist wie Wollen, nur krasser. Hier wird das wirkliche Handeln im Sinne des Projektzieles gefordert. Also nicht nur klug schnacken, sondern auch loslegen.

WIRKEN, als letzte Steigerung des Wollens, bedeutet, auch über die eigene Aufgabe hinaus auf andere, innerhalb oder außerhalb des Projektes, im Sinne des Projektzieles einzuwirken. Wenn Sie ein Team haben, das so motiviert ist, können Sie sich zurücklehnen. Dieses Team wird alles dafür tun, mit allen verfügbaren Mitteln, das Projektziel wie geplant zu erreichen.

Der Projektmanager will, denkt, handelt und wirkt ebenfalls im Sinne des Projektzieles. Er hat nur eine andere Aufgabe. Sie besteht darin, die *Interessen* und *Bedürfnisse* aller am Projekt Beteiligten in Einklang zu bringen. Wie oben beschrieben, ist ein Projekt erst dann erfolgreich, wenn ihm das gelungen ist. Nur er kann die Interessen aller anderen harmonisieren. Das ist sein originäres, rollenbedingtes und handlungsleitendes Interesse.

> ***Wenn der Projektleiter oder Product Owner Angst vor Führung hat, wird er mit seinem Projekt untergehen***
>
> *Gordischer Leitsatz Nr. 6*

Der Projektmanager kennt das Ziel und kennt den Weg dorthin. Er setzt Leitplanken, damit sich niemand verläuft, er nimmt an die Hand, dort wo es benötigt wird, er lässt Freiraum, wo Kreativität entfaltet werden sollte. Er erkennt die Bedürfnisse und verteilt die Aufgaben entsprechend. Er plant sinnvoll und verlässlich. Er sorgt für Respekt und Anerkennung, für Transparenz und Orientierung.

Nutzen Sie agile oder klassische Instrumente, das widerspricht sich nicht, konkurriert nicht miteinander und schließt sich nicht aus. Mit dem *Gordischen Blick* bekommen Sie eine übergeordnete Perspektive.

5.4 5-STUFEN-PLAN BEI BLOCKIERENDEM VERHALTEN

Jeder, der schon einmal für ein Projekt die Verantwortung trug, weiß, dass es manchmal nicht so leicht gelingt, alle für das Projekt zu gewinnen. Und ja, es gibt Mitarbeiter, die wollen nicht, dass der Projektleiter erfolgreich ist. Da spielen niedere Beweggründe eine Rolle: Eifersucht, zu starkes Geltungsbedürfnis, Egoismus und manchmal auch das andere Geschlecht. Wenn jemand bösartig ist und nicht will, dann haben Sie meiner Erfahrung nach keine Chance, ihn mit guten Worten zu begeistern. Da müssen Sie nach anderen Lösungen suchen. Das ist sehr selten.

Was also tun, wenn da einer ist, der seinen Platz im Projekt noch nicht gefunden hat? Der aufgrund seiner Persönlichkeit nicht mit der Vorgehensweise zurechtkommt? Bei Präsentationen von agilen Coaches habe ich mehrfach gehört, dass solche Mitarbeiter erst kaltgestellt werden sollen und, wenn das nichts hilft, rausgeschmissen werden müssen aus dem Projekt. Diese Auffassung vertreten wir nicht. Jeder, der das Projekt nicht aus Bösartigkeit behindert, hat genau seinen Platz im Projekt verdient, so wie jeder andere eben auch. Es ist nur schwieriger, diesen zu finden. Wenn es Ihnen gelingt, haben Sie einen Mitarbeiter gewonnen, auf den das ganze Projektteam bauen kann, einen Fels in der Brandung, einen treuen Gefährten. Also suchen wir nach dem richtigen Platz.

Speziell für Mitarbeiter, die sich nicht so leicht einfügen, haben wir einen 5-Stufen-Plan erarbeitet:

1 ***Niemals übergriffig sein!***
Egal wie anders er ist, wie sehr er scheinbar stört oder nicht ins Team passt, verlangen Sie niemals von ihm, dass er sich ändert. Das wird er nicht. Das macht kein Erwachsener einfach so. Nicht, wenn es um grundlegende Eigenschaften geht. Der erste wichtige Schritt ist, den Mitarbeiter so zu akzeptieren, wie er ist, ganz ohne Wenn und Aber.

Was Sie tun können, ist Ihr eigenes Verhalten ihm gegenüber zu verändern. Statt Missbilligung, hören Sie ihm zu. Signalisieren Sie, dass Sie ihn genauso akzeptieren. Das ist der richtige Startpunkt.

2 ***Analyse seiner handlungsleitenden Werte, Interessen und Bedürfnisse.***
Was steckt dahinter? Fragen Sie ihn, was er besonders mag am Projekt, was ihn stört, was er sich wünscht. Dann bekommen Sie, zusammen mit dem Persönlichkeitsmodell von oben, ein gutes Gefühl dafür, was diesen Mitarbeiter ausmacht. Vielleicht ziert er sich am Anfang. Vielleicht hat er bisher nicht erfahren, dass jemand ernsthaft an ihm als Persönlichkeit interessiert ist. Machen Sie ihm Mut, locken Sie ihn ein wenig. Bauen Sie Vertrauen auf.
.

3 ***Jetzt geht es um ehrliches Lob.***
Schauen Sie auf Basis dessen, was Sie vorher erarbeitet haben, wie der Mitarbeiter ein Gewinn für das gesamte Team ist. Sprechen Sie mit ihm über Ihre Gedanken. Zeigen Sie ihm, dass er ein wirklich wertvolles Mitglied des Teams

ist. Und dann überlegen Sie gemeinsam, wie er seine Kompetenz am besten einbringen kann. Damit haben Sie Ihr Problem mit ihm noch nicht gelöst. Noch dreht sich alles darum, dass er bekommt, was er will. Natürlich muss es auf ehrlicher *Achtung* und *Wertschätzung* beruhen. Sonst funktioniert es nicht. Wenn er spürt, dass Sie aufrichtig sind, dann wird er sich sehr wahrscheinlich öffnen.

4 ***Jetzt wird verhandelt.***
Sie haben bereits gute Angebote gemacht. Jetzt zeigen Sie ihm auf, dass sein Verhalten auch eine Kehrseite hat. Dass sein Verhalten höheren Aufwand für das Team bedeutet oder sich manch einer seinetwegen zurückgesetzt fühlt. Fragen Sie ihn, wie Sie gemeinsam damit umgehen können. Was er vielleicht tun kann, um die Situation zu entspannen. Mit hoher Wahrscheinlichkeit bietet er etwas an. Denn er möchte auch ein Teil des Teams sein. Also wird er Ihnen entgegenkommen. Fassen Sie die Absprache zusammen und wiederholen Sie sie.

5 ***Berichten Sie im Team, wenn er dabei ist, was er als einziger dem Team bieten kann.***
Sorgen Sie für Verständnis bei den anderen, dass das Positive eine Kehrseite hat, aber dass Sie gemeinsam eine Lösung ausgeheckt haben. Berichten Sie von der Absprache. Geben Sie diese Lösung als Vorschlag in das Team. Vielleicht kommen noch mehr Ideen.

Sie erreichen mit diesem 5-Stufen-Plan, dass alle sich mit Respekt begegnen und jeder seinen Platz findet. Es ist ein Gewinn für das ganze Team, wenn Mitarbeiter ihre inneren Widerstände überwinden und sich zugehörig fühlen.

5 BEDÜRFNISSE VERSTEHEN UND DEN PROJEKTERFOLG BESCHLEUNIGEN

Zeit für eine kleine Pause. Was kommt dir in den Sinn, wenn du dieses Kapitel auf dich wirken lässt? Worüber denkst du nach? Petra Menzel freut sich auf Feedback und Fragen.

autorenclub.de/pm5

Über den Zugang zur Internetseite der Autorin können die einzelnen Buchkapitel kommentiert werden. Neben Feedbacks sind auch Fragestellungen möglich, die die Autorin per Sprachnachricht oder E-Mail beantworten wird.

Entscheide selbst, ob du Petra Menzel persönlich Feedback geben möchtest oder deine Meinung mit der gesamten Leserschaft teilen willst. Falls Fragen zur Interaktion mit der Autorin aufkommen, beantwortet unser Verlagsteam diese gerne unter: leserfragen@marianprill-verlag.de

6 MAXIMALE TRANPARENZ SCHAFFEN

6.1 FEHLENDE TRANSPARENZ UND IHRE FOLGEN

Die erste Säule des *Gordischen Blicks* besteht aus den Interessen und Bedürfnissen der Akteure, sie erfordern *Achtung* und *Wertschätzung* aller am Projekt Beteiligten. Die zweite Säule dieses *Gordischen Blicks* ist *Klarheit* und *Transparenz*. Wenn jeder zu jeder Zeit weiß, wer was wann und warum tut, reduzieren sich Konflikte deutlich.

Wenn ich bei einem Projekt einsteige, erlebe ich sehr oft, dass niemand den Gesamtüberblick hat. Geschweige denn, dass jeder Projektmitarbeiter weiß, warum der Kollege gerade an einem Arbeitspaket arbeitet, was er dort tut und wie lange. Oft entsteht daraus ein Gefühl der Distanz: „Ich mache hier nur meinen Job."

Das Gefühl kennt wohl jeder, der schon einmal für ein Projekt gearbeitet hat. Man ist Teil des großen Ganzen, aber man weiß nichts darüber. Ab und zu kommen Informationen über eine Entscheidung, die getroffen wurde. Manchmal ist es einem egal, manchmal hätte man selbst anders entschieden. Man wurde aber nicht gefragt. Warum eigentlich nicht? Naja, weil man ja nie oder nur selten gefragt wird. Das kennt man ja.

Ach, und der Kollege macht jetzt eine Lösung für Problem A? Das ist spannend, denn das Problem A greift in das Problem B, das ich gerade versuche zu lösen. Da wäre eine Abstimmung hilfreich gewesen. So etwas wird immer oben entschieden. Ich erfahre nur etwas davon, weil ich einen guten Draht zu meinen Kollegen habe. Auf dem Flur oder in der Cafeteria sprechen wir miteinander. Denken die eigentlich, dass wir nicht miteinander reden? Oder erwarten sie es? Erwarten sie von uns, dass wir das allein koordinieren? Dafür bekomme ich gar nicht das Geld. Der Kollege auch nicht. Und die Zeit wird uns dafür auch nicht gegeben. Ach, der Kunde hat diese Anforderung? Das wusste ich nicht. Zu Kundengesprächen werden wir auch nicht eingeladen. Da gibt es den Product Owner, der kippt nur das Backlog ein und wir schauen dann, was wir daraus machen. Nach dem Sprint wird dann korrigiert. Immer wieder so viel Arbeit, die umsonst war. Wir hätten das auch mal vorher abstimmen, durchdenken und dann umsetzen können.

Aber ich mache eben nur noch meine Tickets. Das ist dann auch gut so. Entspannt. Und die Kollegen sind echt nett. Passt gerade gut zu meiner Familiensituation – zur Work-Life-Balance. Das Projektklima ist super, wenn nicht dauernd der Chef Druck machen würde.

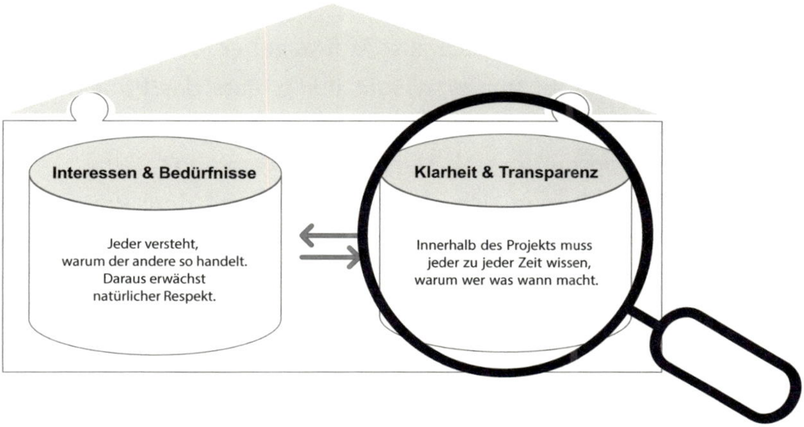

Die Säulen des Gordischen Blicks: Klarheit und Transparenz

Ich könnte das Ganze auch aus Sicht der Anwender und des Auftraggebers erzählen. Solchen Projektsituationen ist wohl jeder schon einmal begegnet.

- Wie fühlt sich der Anwender, wenn er bei Entscheidungen, die die eigene Tätigkeit betreffen, nicht involviert wird und nur das Ergebnis erfährt?
- Wie fühlt er sich, wenn er nicht direkt mit dem Kunden sprechen kann, weil es den *Product Owner* gibt, der den Kontakt exklusiv hat?
- Wie fühlt sich der Umsetzer, wenn er erfährt, dass das andere Teilprojekt nicht vorankommt, von dem er abhängig ist, ohne die Ursachen zu kennen?
- Wie fühlt sich das Projektteam, wenn es das Ziel des Projektes als smartes Ziel vorgegeben bekommt und nur nach *Time, Budget* und *Quality* gefragt wird, aber nicht nach Herausforderungen oder nach weiteren Lösungsmöglichkeiten?

- Wie fühlt man sich als Auftraggeber oder Anwender, wenn es nur immer wieder heißt, dass das Projektende sich noch einmal verschiebt, ohne dass genaue Erklärungen und nur formale Versprechen kommen?
- Wie fühlt man sich, wenn man sich mit dem Projektziel gar nicht identifizieren kann und vielleicht dahinter noch ganz andere, versteckte Ziele vermutet?

Auch hier könnte ich die Liste endlos weiterführen. Die Antwort ist klar. Niemand fühlt sich als Teil eines großen Ganzen, wenn er nur einen winzig kleinen Ausschnitt zu sehen bekommt. Wenn alle das Gefühl haben, dass sie eben nur ihren Job machen, dann ist die Wahrscheinlichkeit gering, dass das Projekt erfolgreich wird.

Wie gelingt es, dass jeder Einzelne sich als Teil des Projektes fühlt? Wie gelingt es, dass jeder mit Begeisterung dabei ist? Wie gelingt es, den Projektbooster zu starten?

Zum einen braucht es *Achtung* und *Wertschätzung*. Zu *Achtung* und *Wertschätzung* gehört das Interesse, dass ich im Kapitel zuvor beschrieben habe. Auch Bedürfnisse gehören dazu, sie ergeben sich aus den unterschiedlichen Persönlichkeiten. Genauso gehört dazu, dass sich jeder als wichtiger Teil des großen Ganzen fühlt. Und dazu braucht es *Transparenz*.

6.2 TRANSPARENZ SCHAFFT TEAMGEFÜHL

Das Teamgefühl ist der Booster für jedes Projekt. Wie bekommt man das hin? Es entsteht, wenn sich alle Beteiligten mit dem Ziel identifizieren können. Wenn alle das Gefühl haben, dass es sich lohnt, für dieses Ziel zu kämpfen. Und zwar gemeinsam. Das geht nur, wenn alle das Ziel und die Beweggründe dahinter kennen. Keiner wird sich besonders engagieren, wenn er gar nicht weiß wofür.

Ich war neulich zu einem Podcast [5] eingeladen und wurde gefragt, was ich denn tue, wenn ich bei einem Projekt loslege, das nicht so richtig läuft. Ich antwortete, dass ich in der ersten Phase das Ziel hinterfrage und es dann als Vision formuliere, mit der sich alle am Projekt Beteiligten identifizieren können. Darauf fragte mich der Moderator: Ja, aber konkret: ein verändertes Ziel verändert doch nichts!

Ich antworte auf diese Frage mit Gegenfragen: Was passiert, wenn man erst an etwas gearbeitet hat, zu dem man aufgrund seiner Position und Kompetenz im Unternehmen verpflichtet wurde, und dann plötzlich merkt, dass das, woran man arbeitet, etwas richtig Gutes ist? Dass es einen Sinn hat, durch das eine Verbesserung erfolgen kann, für wen auch immer. Dass man durch diese Erkenntnis mit anderen verbunden ist. Die meisten blühen auf, öffnen sich, werden größer, haben plötzlich Freude an dem, was sie tun. Die Antwort für den Moderator im Podcast war daraufhin: Es ändert alles!

Ein Ziel, mit dem sich alle am Projekt Beteiligten identifizieren können, gibt dem Projektteam Orientierung. Einen Leuchtturm, auf den es sich lohnt zuzusteuern. Sonst segelt man ohne Orientierung im Nebel. Seneca hat es so ausgedrückt: „Für den, der den Hafen nicht kennt, ist kein Wind der Richtige."

---

5 Nachzuhören auf projektmanagementpodcast.com: „Die Projektkrise gekonnt meistern"

Sie können es an sich selbst ausprobieren. Machen Sie etwas, was sie tun müssen. Und dann machen Sie etwas, was sie tun wollen. Sie spüren den Unterschied. Und so geht es allen. Mit dem Ziel allein ist es allerdings nicht getan. Es ist nur der Anfang.

Was passiert mit dem Projektteam, wenn jeder zu jeder Zeit weiß, wer was wann und warum tut? Wenn jeder weiß, dass er regelmäßig über alles informiert wird. Wenn jeder weiß, dass es Regel-Meetings gibt, bei denen ihm zugehört wird, er Fragen stellen und von seinen Erfolgen, seinen Problemen und Ängsten berichten kann? Wenn jeder die Chance hat zu hören, wie es den anderen geht, welchen Herausforderungen sie sich gerade stellen und was ihnen bereits gelungen ist? Was passiert mit einer Gruppe von Menschen, die alle auf das gleiche Ziel zusteuern, Schwierigkeiten gemeinsam lösen können und Erfolge gemeinsam feiern? Jeder weiß, was dann passiert. Schließlich haben wir alle diese Gefühle in der Schule, in der Clique und vielleicht auch in der Familie erlebt. Warum dann nicht im Job?

Maximale Transparenz hält nicht auf oder ist überflüssig, sondern formt aus einer zufällig zusammengestellten Gruppe ein Team. Maximale Transparenz schafft Gemeinschaftsgefühl, den Booster für jedes Projekt.

6.3 TRANSPARENZ GIBT ORIENTIERUNG

Wenn man weiß, wohin man fahren möchte, hat man die Orientierung. Zumindest so lange wie man sie nicht verliert. Zum Glück gibt es inzwischen gute Navis, falls man sich verfahren hat.

Aber das, was uns im normalen Leben selbstverständlich ist, ignorieren wir oft bei der Projektarbeit. Was dient uns also dabei als Navigationshilfe?

Transparenz gibt uns Orientierung darüber, was zu tun ist. Der Plan muss nicht detailliert sein, aber alle großen Themen beinhalten. Es reichen ein paar Informationen, wer macht es, wie ist der Stand, wann muss es fertig sein. Ein Plan mit den wichtigsten Aufgaben, groß an der Wand. Das gibt Orientierung. Ich bin ein Fan von Projektstrukturplänen. Sie vermitteln einen Überblick und können in anderen Dokumenten detailliert beschrieben werden. Ein guter Projektstrukturplan bleibt über die gesamte Projektdauer konstant.

Er dient in jedem Projektmeeting als Agenda. Jeder kann darauf schauen, man kann über die Pakete sprechen. Jeder weiß, wo das Projekt steht, was als nächstes ansteht, ob es an einer Stelle hakt, und was die Ursache dafür ist. Ein guter (Projektstruktur-)Plan kann von jedem einzelnen eingesehen werden, wann er will. Jeder kann sich dazu äußern, Fragen stellen oder Inhalte und Lösungen diskutieren. Anhand eines Planes können Umgehungen diskutiert werden, wenn der Plan plötzlich „ausgebremst" wird. Ein guter Plan sorgt für Transparenz. Keiner kommt von der Straße ab oder verfährt sich.

6.4 TRANSPARENZ REDUZIERT AUFWÄNDE

Es gibt keine vermeintlichen Heimlichkeiten im Projektteam, jeder ist informiert. Es wird keine Zeit dafür verschwendet, dass Projektmitarbeiter versuchen herauszubekommen, wo das Projekt steht und was als nächstes kommt. Transparenz reduziert all jene Aufwände drastisch, die durch fehlende Informationen entstehen. Jeder möchte auf dem neuesten Stand sein. Und jeder möchte in dieser Gruppe wahrgenommen werden, weil er mit seinen Fähigkeiten oder Kompetenzen einen wichtigen Beitrag für das Team leistet. Dafür braucht es Raum und Zeit. Wenn beides fehlt, entsteht eine kontraproduktive Eigendynamik. Dann wird Energie aufgebracht, beim Versuch sich zu orientieren. Wenn das nicht gelingt, dann um Verbündete zu finden, die das Projekt kritisieren. Beobachten Sie es gern einmal. Wie viel Zeit damit verbracht wird, über ein Projekt zu schimpfen. Das nützt niemandem. Mit Transparenz wird diese vergeudete Zeit deutlich reduziert.

6.5 TRANSPARENZ VERRINGERT DAS KONFLIKT-POTENTIAL

> ***Wenn jeder zu jeder Zeit weiß, wer was wann und warum tut, reduzieren sich Konflikte drastisch***
>
> *Gordischer Leitsatz Nr. 7*

Je mehr wir über das Projekt wissen, je klarer uns die handlungsleitenden Interessen der Teilnehmer sind – vom Auftraggeber, über den Anwender bis hin zum Umsetzer – desto klarer ist das Gesamtbild.

Es ist sehr leicht – und ich glaube, auch diese Situation kennt jeder – über einen Kollegen oder Vorgesetzten zu meckern, wenn der weit weg ist, man ihn gar nicht richtig kennt, er einem fremden Kulturkreis angehört oder in einer anderen Niederlassung arbeitet. Manchmal reicht schon das andere

Geschlecht oder das Büro in einer anderen Etage aus. Wenn derjenige sich anders verhält als erwartet, wird schnell ein Urteil gefällt. Mir geht es oft so, wenn ich Auto fahre, es eilig habe und der vor mir sehr entspannt und gemächlich die Grünphase der kommenden Ampel verpasst. Oh, wie kann ich fluchen. Und dann lachen! Natürlich weiß ich zum einen, dass es gar keinen Sinn ergibt, zu fluchen. Zum anderen hat der vor mir vielleicht gerade ein spannendes Hörbuch gehört oder führt ein gutes Gespräch mit seinem Beifahrer. In seiner Situation wäre die Ampelphase für mich vielleicht auch nicht so wichtig. Niemals würde ich aussteigen und meinen Vordermann mit meinen Vorwürfen konfrontieren. Was wäre auf unseren Straßen los, wenn jeder aussteigen und den anderen beschimpfen würde? Nein, das machen wir nicht. Zum Glück. Und wie schnell ändert sich meine Stimmung, wenn ich sehe, dass der andere ein Bekannter ist. Sofort ist der Frust verflogen. Warum? Weil wir uns kennen. Weil ich ihn verstehe, weil ich weiß, dass er ein lieber oder interessanter Mensch ist.

So funktioniert es auch bei Projekten. Wenn da jemand ist, den ich kaum kenne und der sich vielleicht für etwas einsetzt, was mir egal ist oder sogar meine Interessen entgegensteht, dann mag ich ihn nicht. Dann werde ich ihn spätestens beim dritten Meeting korrigieren oder sogar anfahren. Dann eskaliert ein Konflikt schnell. Wie sehr verändert sich dagegen unser Verhalten, wenn wir den anderen kennen und verstehen.

Ich hatte vor vielen Jahren die Aufgabe, nach einem Konzernzusammenschluss zwei Teams zu verbinden. Sie hatten die gleichen Aufgabenbereiche, nur war die Herangehensweise in den Herkunftsfirmen ganz unterschiedlich. Im ersten Workshop saßen die einen auf der einen Seite des Tisches, die anderen gegenüber. Die Arme waren verschränkt, Lächeln gab es wenig. Was habe ich also getan? Ich habe mir Schritt für Schritt erklären lassen, was in den Bereichen getan werden musste, also ein Prozessbild erstellt. Groß an einer Metaplanwand. Bei jedem Prozessschritt habe ich nur das, WAS erfragt und das WIE verschoben auf später. Ich habe die Gemeinsamkeiten für alle sichtbar herausgearbeitet und gleichzeitig allen den Raum gegeben, ihre Sichtweise darzustellen. Es gab Diskussionen, die ich geleitet habe. Ein paar Workshoptage später saßen alle gemischt rund herum am Tisch. Und noch 1-2 Tage später dachten alle jeweils für die anderen mit. Am Ende hatten wir eine gemeinsame Arbeitsweise gefunden. Ein gemeinsames Team war geboren, das wirklich zusammenarbeiten wollte.

Fazit

Wenn jeder versteht, warum der andere so handelt, wie er handelt, entsteht natürlicher Respekt. Wenn jeder zu jeder Zeit weiß, wer was wann und warum tut, reduzieren sich die Konflikte drastisch.

6 MAXIMALE TRANPARENZ SCHAFFEN

Zeit für eine kleine Pause. Was kommt dir in den Sinn, wenn du dieses Kapitel auf dich wirken lässt? Worüber denkst du nach? Petra Menzel freut sich auf Feedback und Fragen.

autorenclub.de/pm6

Über den Zugang zur Internetseite der Autorin können die einzelnen Buchkapitel kommentiert werden. Neben Feedbacks sind auch Fragestellungen möglich, die die Autorin per Sprachnachricht oder E-Mail beantworten wird.

Entscheide selbst, ob du Petra Menzel persönlich Feedback geben möchtest oder deine Meinung mit der gesamten Leserschaft teilen willst. Falls Fragen zur Interaktion mit der Autorin aufkommen, beantwortet unser Verlagsteam diese gerne unter: leserfragen@marianprill-verlag.de

7 REGELKOMMUNIKATION ALS PLATTFORM FÜR ACHTUNG UND WERTSCHÄTZUNG UND TRANSPARENZ

Ich habe schon riesige, konzernweite Projekte geleitet. Hunderte Konzernmitarbeiter sind an diesen Projekten beteiligt. Ich habe nicht mit allen jede Woche zusammengesessen. Bei großen Projekten empfehle ich, Gruppenvertreter festzulegen. *Product Owner* zum Beispiel vertreten oft die Interessen der Anwender. Das Projektteam besteht dann meist aus bis zu fünfzehn Teilnehmern, die die *Interessen* und *Bedürfnisse* der Gruppe, die sie repräsentieren, vertreten und anschließend die Ergebnisse ihrer Gruppe übermitteln. Parallel dazu gibt es regelmäßig Informationen über das Projekt, die alle Mitarbeiter direkt erreichen, entweder digital oder bei Mitarbeiterveranstaltungen.

Ich habe für einen sehr großen Dax-Konzern, der weltweit tätig ist, das Lizenzmanagement erarbeitet und ausgerollt. Nicht alle Angestellten arbeiten mit Software- und Hardwarelizenzen. An jedem einzelnen der zahlreichen Standorte weltweit waren Mitarbeiter betroffen, insgesamt also mehrere Hundert. Hier konnten wir dank der Regionalvertreter ein wunderbares und erfolgreiches Projekt umsetzen. Damals gab es noch kein Zoom. Die gesamte Projektkommunikation lief per Mail und Telefonkonferenz.

In einem mittelständischen Unternehmen hatte ich eine Projektaufgabe, die für alle Mitarbeiter Auswirkungen hatte: den *Roll-out* einer spezifischen Branchensoftware. Nach dem *Roll-out* sollte jeder Mitarbeiter damit arbeiten können. Die Unterschiede bei den Anforderungen und Abteilungen waren riesig. Natürlich gab es auch bei diesem Projekt Vertreter der Anwender, die dann als Koordinatoren später Tests und die abteilungsspezifischen Einführungen durchführten.

Egal, wie viele vom Projekt betroffen sind, es ist wichtig eine Gruppe zu finden, die die *Interessen* und *Bedürfnisse* aller Betroffenen abdecken kann. Nach meinen Erfahrungen sind das selten mehr als fünfzehn Personen. Wie erreichen wir das mit der richtigen Zusammenarbeit konkret während der alltäglichen Projektarbeit? Die Antwort ist simpel. Indem wir Raum für Interessen und Bedürfnissen schaffen und eine transparente Arbeitsweise etablieren.

Der Gordische Blick schlägt dafür eine Regelkommunikation vor, die sich über die gesamte Spanne des Projektes zieht, von der Definition des Projektzieles bis hin zum Projektabschluss.

ZU BEGINN

Der folgende Ablauf ist ein Projektablauf anhand der Regelkommunikation. Vieles wird Ihnen bekannt vorkommen, anderes ist vielleicht neu. Wichtig ist, dass es einen verlässlichen Kommunikationsablauf durch das gesamte Projekt gibt.

7.1 DIE ZIELDEFINITION

Jedes Projekt braucht ein Ziel. Sonst gibt es kein Projekt. Am Ende soll immer etwas herauskommen. Wer gibt das Ziel vor? Der Auftraggeber. Er hat eine bestimmte Vorstellung und organisiert das Geld. Er sagt, was er mit diesem Projekt erreichen möchte.

Eigentlich ganz einfach. Oder nicht? „Der häufigste Faktor für das Scheitern eines Projekts ist der Mangel an klaren Zielen."[6] Aber hilft es uns schon zu erkennen, warum das Ziel so wichtig ist und warum es trotzdem oft nicht passt?

6 PMI: Pulse of the Profession, 2017

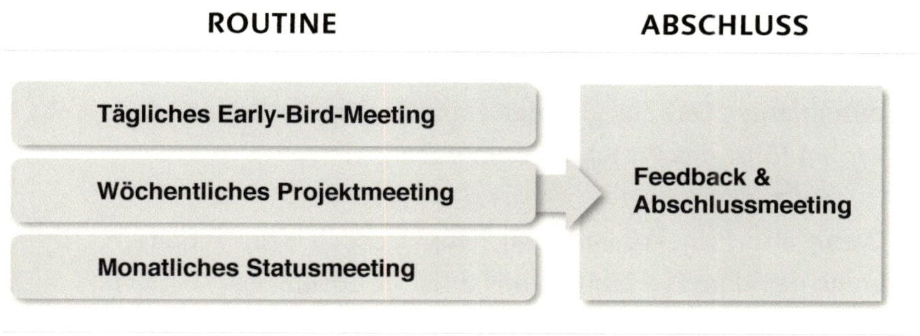

Wer kein klares Ziel hat, wird scheitern oder, wenn er viel Geld hat, dies verschwenden. Egal ob klassisch oder agil.

Gordischer Leitsatz Nr. 8

Das Ziel verrät dem Team den Zweck des Projektes. Der Pharao braucht die perfekte Bestattung. Das Max-Planck-Institut möchte die Kernfusion schaffen. Ein Upgrade muss erfolgen. Manchmal gibt das Ziel auch den Sinn mit: Die perfekte Pyramide, damit der Pharao vom Himmelreich aus die Geschicke Ägyptens positiv lenkt. Die Kernfusion, um die Energieprobleme der Menschheit zu lösen. Die neue Software, wahrscheinlich, weil irgendjemand erkannt hat, dass sie dem Unternehmen hilft. Der Zweck wird meist nur am Anfang einmal gesagt und dann vergessen. Oder der Zweck ist für die Beteiligten gar nicht plausibel. Und das Upgrade? Das weiß doch jeder, warum das sein muss. Das muss nicht mehr benannt werden. Das muss gemacht werden. Punkt. Der Zweck scheint selbsterklärend. Für alle?

An Zielen richten Projektmitarbeiter ihr Handeln aus und es verbindet das Handeln der einzelnen am Projekt Beteiligten miteinander. Das Ziel gibt den Handelnden die Orientierung: Wohin führt das Projekt, wohin gehen wir?

Wenn also Projekte laut PMI hauptsächlich dann scheitern, wenn das klare Ziel fehlt, dann lautet die Lösung ganz einfach: klare Ziele. Klingt plausibel, klingt einfach. Oder doch nicht?

7.1.1 SMARTE ZIELE SIND NICHT DIE LÖSUNG

Das Akronym *s.m.a.r.t.* beschreibt alle Eigenschaften, die ein Projektziel aufweisen sollte. Die einzelnen Buchstaben stehen für: spezifisch, messbar, akzeptiert, realistisch und terminiert.

Welche Auswirkungen hat ein smartes Ziel für die Projektmitarbeiter? Sie haben einen Zweck und vielleicht auch eine Motivation. Sie können ihr Handeln danach ausrichten. Sie bekommen Orientierung. Sie wissen, welche Qualität erreicht werden soll. Oft enthält ein smartes Ziel schon Teile der Lösung und kann dadurch schnell umgesetzt werden. Ein smartes Ziel macht die Arbeit für alle leichter und die Abwicklung effizient. Soweit die Theorie.

Schauen wir uns smarte Ziele anhand von drei praxisnahen Beispielen an:

1. ***Beispiel***
Das Kind soll schwimmen lernen. Es trainiert vier Wochen lang zweimal eine Stunde pro Woche im Hallenbad. Es soll am Ende minimal eine Distanz von fünfzig Metern schaffen.

Dieses Ziel entspricht der Definition eines smarten Zieles. Es ist spezifisch, denn es geht um eine bestimmte Person in einer bestimmten Lebensphase. Es ist messbar, zumindest qualitativ, ob sich am Ende das Kind fünfzig Meter über Wasser halten kann oder nicht. Ist es realistisch? Ja, andere Kinder haben es auch in diesem Zeitraum geschafft. Und das Ziel ist auch terminiert, in vier Wochen.

2. ***Beispiel***

Ein Team organisiert den Umzug eines Rechenzentrums. Innerhalb von drei Monaten soll der Umzug abgeschlossen sein. Pro Woche baut das Team zehn Server mit ihren darauf laufenden Applikationen im alten Rechenzentrum ab und im neuen auf.

Auch dieses Ziel erfüllt alle Anforderungen. Es ist spezifisch, denn der Umzug des Rechenzentrums ist kein *Daily Business*. Es ist messbar, da am Ende des Projektes alle Server im neuen Rechenzentrum stehen müssen. Es ist akzeptiert, da in einer Vorstudie anhand von drei Servern der Umzug vom Projektteam simuliert und getestet wurde. Es ist also realistisch und durch den Endtermin auch terminiert.

3. ***Beispiel***

Die Welt soll von Kinderlähmung befreit werden: Im Jahr 2015 sollen drei Millionen Impfdosen durch lokale Helfer in Nigeria verteilt und verabreicht werden.

Auch dieses Ziel ist messbar, für die Beteiligten nachvollziehbar und akzeptiert. Wahrscheinlich gab es in der Vorbereitung Tests, die eine realistische, vielleicht auch ambitionierte Anzahl von Impfungen erprobten.

Im nächsten Schritt werden die Anforderungen aus dem Ziel detaillierter definiert. Für das erste Ziel werden zum Beispiel Schwimmbäder, Öffnungszeiten und Preise miteinander verglichen, und das Beste ausgewählt und weitere Anforderungen darauf angepasst.

Was machen solche Ziele mit den Beteiligten eines Projektes? Der Auftraggeber hat ein wunderbares *Controlling*-Instrument. Der Anwender weiß genau, wann er sein Ergebnis erwarten kann. Und die Umsetzer laufen los und versuchen die Vorgaben zu verwirklichen. Vielleicht gut gelaunt. Vielleicht sehr angespannt, weil der Rahmen zu eng gesetzt ist.

Aber was passiert, wenn die Realität von den Annahmen zu Beginn abweicht? Was passiert, wenn das Schwimmbad mit einem Mal wegen Renovierung geschlossen ist, das Kind nach zwei Schwimmbadbesuchen keine Lust mehr hat oder der Schwimmlehrer ausfällt? Was passiert, wenn ein paar Applikationen abhängig sind von anderen Applikationen und deshalb nicht separat umziehen können? Wenn ein Cyber-Angriff droht und die Sicherheitsarchitektur des neuen Rechenzentrums überarbeitet werden muss. Wenn manche Server Besonderheiten haben und eben doch nicht in so kurzer Zeit einfach umziehen können? Was passiert, wenn Boko Haram aus fanatisch-religiösen Gründen alle Helfer vor Ort töten und alle Impfdosen vernichten lässt?[7]

Zusammengefasst, was passiert, wenn die Realität nicht zum Ziel passt? Beim ersten Mal sagen alle: Wir ändern etwas an

[7] Das Massaker von Boko Haram war im Jahr 2015. Seit 2020 gilt Nigeria als Polio-frei.

der Zieldefinition und dann geht es weiter. Wie oft können Sie das in einem Projekt machen? Wie lange gibt ein Ziel Orientierung, wenn es immer wieder verändert wird? Wie lange vertrauen der Kunde und das Projektteam dem Projektmanager? Nicht sehr lange.

Was passiert, wenn Orientierung und Vertrauen verlorengehen? Dann entstehen Frust und Demotivation. Wer mag schon gern arbeiten, wenn er gefrustet ist? Niemand. Am Ende scheitern diese Projekte ganz oder teilweise. Irgendwas wird meist ja doch abgeliefert, aber oft bei Weitem nicht das, was ursprünglich gewünscht war. Und das, obwohl das Ziel doch ganz eindeutig und klar war.

Warum funktionieren smarte Ziele eher in der Theorie als in der Realität? Smarte Ziele sind viel zu eng gefasst. Sie lassen keinen Handlungsspielraum. Auf verändernde Rahmenbedingungen kann man kaum eingehen. Außerdem fällt es schwer, sich mit einem rein sachlichen, nicht emotionalen Ziel zu identifizieren. Erst recht, wenn die eigene Lösungskreativität von vornherein nicht erwünscht ist oder sogar unterbunden wird. Dann ist es eben ein Job. Ein Auftrag. Mehr nicht. Smarte Ziele wirken im ersten Moment sehr plausibel, scheinen die perfekte Vorgabe zu sein, um effizient eine Idee umzusetzen. Doch sie scheitern an der Realität. Denn die Realität verändert sich ständig. Und niemand, nicht einmal ein Projektmanager ist in der Lage, die Zukunft vorherzusagen.

Smarte Ziele scheitern vor allem auf der Ebene des Projektziels. Sie sind jedoch perfekt für die Definition einzelner Arbeitsaufgaben auf unterer, überschaubarer Ebene. Dort gehören sie hin. Dort leisten sie eine wertvolle Unterstützung für das Projekt.

7.1.2 WER VISIONEN HAT, KANN VORANGEHEN

> ***Wenn aus dem Projektauftrag eine Vision wird, entsteht Freiraum für Identifikation und Kreativität. Ein Auftrag kann bestenfalls erfüllt werden. Eine Vision ermöglicht Großes.***
>
> *Gordischer Leitsatz Nr. 9*

Warum funktionieren Visionen in der Praxis besser als in der Theorie? Visionen haben in unserem Kulturkreis kein gutes *Standing*. Wenn ich in Seminaren darüber spreche, gibt es immer mindestens einen Teilnehmer, der verächtlich mit Helmut Schmidts berühmten Zitat kommt: „Wer Visionen hat, sollte zum Arzt gehen!" Manchmal, wenn ich Nachwuchsführungskräfte schule, die in sehr konservativ und hierarchisch geführten Unternehmen tätig sind, schlägt mir Unglaube bis heftiger Zweifel entgegen. Smarte Ziele gehören noch in vielen Unternehmen zum Einmaleins des Projektmanagements. Und dann ist es oft schwer, sie von Visionen zu überzeugen.

Ein smartes Ziel trägt immer schon das WIE in sich. Also eine Idee gepaart mit Angaben zu Zeit und Qualität. Das WIE steht jedoch nicht an erster Stelle, wenn man alle mitnehmen möchte. Wenn wir das Team dazu bewegen wollen, sich mit dem Ziel zu identifizieren, dann müssen wir ganz vorn anfangen, beim WARUM. Ziele sollten den Sinn und den Zweck eines Projektes enthalten. Aus der Perspektive des *Gordischen Blicks* sollten nur diese beiden Elemente Bestandteil der Zieldefinition sein.

Der Sinn eines Projektes entsteht dadurch, dass sich ein gegenwärtiger oder vergangener Zustand in der Zukunft verändern soll. Dafür gibt es Projekte: Das Kind soll vom Nichtschwimmer zum Schwimmer werden. Das neue Rechenzentrum soll das alte ablösen. Kinderlähmung soll besiegt werden.

Das alles enthält noch keine Vision. Eine Vision ist eine wunderbare Zukunft, die alle anstreben. Dazu braucht es oft mehr Hintergrundwissen, damit alle Beteiligten eines Projektes die eigentliche Vision verstehen und innerlich nachvollziehen können.

Wie ändert sich die Perspektive der Beteiligten bei unseren drei Beispielen, wenn wir statt Ziele Visionen formulieren?

1. ***Beispiel***

Das Kind soll nicht einfach so schwimmen lernen, weil die Eltern ehrgeizig sind und das vom Kind jetzt erwarten. Sollte das so sein, wird das Kind in sehr kurzer Zeit keine Lust mehr am Schwimmunterricht haben, denn es fühlt sich unter Druck gesetzt. Früher war es ein beliebtes Erziehungsmittel, heute sind wir deutlich weiter. Die Vision lautet: Das Kind soll schwimmen lernen, um sich selbst besser zu fühlen, wenn die Familie einen Ausflug in ein Freizeitbad mit vielen Attraktionen plant. Dann soll das Kind sich frei bewegen können, selbst entscheiden, wo es wann rutschen möchte und nicht mehr abhängig von den Eltern sein. Etwas kindgerechter formuliert werden Sie in jedem Kind die Augen zum Leuchten bringen, und die eigene Motivation, schwimmen zu lernen, aktivieren.

2. Beispiel
Beschreiben Sie den Mitarbeitern die Probleme im alten Rechenzentrum und zeigen Sie als Vision auf, dass durch den Umzug ins neue Zentrum diese Probleme gelöst werden und sie weniger Störungen beheben müssen. Auch das kann für alle verständlich und motivierend formuliert werden.

3. Beispiel
Der Kampf gegen Kinderlähmung motiviert dann alle Akteure, wenn sie wissen, dass das Ende des Leides durch Polio nur gelingen kann, wenn alle zusammenarbeiten. Mit dieser Vision werden Helfer mit unermüdlichem Einsatz impfen und Eltern notfalls sehr lange in der Schlange stehen, um für ihr Kind die Impfung zu bekommen.

Was passiert, wenn das Projektziel eine Vision ist? Sie erkennen darin einen Sinn für sich selbst. Das Kind fühlt sich unabhängig und hat damit ungleich größeren Spaß im Bäderland. Die Mitarbeiter des Rechenzentrums spüren die gewonnene Lebensqualität, da nächtliche Einsätze zur Störungsbehebung kaum noch vorkommen. Und nie wieder Angst vor Kinderlähmung, das ist eine große Erleichterung für viele Eltern.

Was passiert nun, wenn sich die Realität ändert? Die Lösungskreativität wird erweckt. Das große Ziel, die Vision, bleibt als Leuchtturm, als Orientierung bestehen. Das Kind will schwimmen lernen, die Mitarbeiter im Rechenzentrum möglichst schnell durchschlafen, die Menschen in Nigeria frei von Angst vor Polio leben können. Das bleibt, egal was passiert. Das Projektteam findet kreative Lösungen, wie die Vision doch noch umgesetzt werden kann. Das Team ist stolz darauf, was sie geschafft haben. Das schweißt alle zusammen. Kreativität schafft Motivation, Motivation schafft Engagement. Das ist das Lebenselixier von Projekten.

Wie findet der Projektmanager die Vision? Der Auftraggeber erwartet von Ihnen, dass Sie das Projekt erfolgreich umsetzen. Deshalb haben Sie das Recht, den Auftraggeber so lange zu fragen und mit Warums zu nerven, bis Sie die Vision gefunden haben, die hinter dem Auftrag steht. Wenn Sie sie haben, halten Sie sie schriftlich fest in einem, maximal drei kurzen Sätzen. Schreiben Sie die Vision als Teaser oder Fußzeile in jedes Dokument, auf jede Folie. Starten Sie jedes Meeting immer wieder mit dieser Vision. Dann wissen alle, wie sie die Segel setzen müssen, damit das Boot den richtigen Hafen erreicht.

Vor einigen Jahren erhielt ich den Auftrag für ein Projekt. Das Projektziel schien mir sehr aus der Zeit gefallen zu sein: Bitte keine Veränderung der Oberfläche, nur den Unterbau der Software modernisieren. Ich vereinbarte mit dem Teamleiter, zusammen mit dem Team ein passenderes Ziel, also eine Vision zu finden. Ich musste im Gegenzug das Versprechen abgeben, die dafür aufgewendete Zeit wieder aufzuholen. Klar. Gesagt, getan. Am Ende war das Projekt einen Monat eher abgeschlossen als alle gedacht hatten. Erst dann erzählte mir der Teamleiter, dass vor mir bereits zwei andere Projektmanager an dem alten Ziel gescheitert waren. Es lohnt sich immer, nach dem richtigen Ziel zu suchen.

7.1.3 ZIEL UND RAHMENBEDINGUNGEN

Manchmal gibt es gleich mehrere Ziele, die erreicht werden sollen. Die *Deutsche Gesellschaft für Projektmanagement* empfiehlt, in diesen Fällen mit einer Ziel-Hierarchie zu arbeiten. Dann kann man mehrere Ziele nebeneinander darstellen und weiter aufteilen. Man kann sie kategorisieren hinsichtlich ihrer Wirkung: Ist ein Ziel eher moralisch, eher technisch oder finanziell? Das klingt doch sehr vielversprechend.

Aber was genau passiert, wenn ein Projekt mehrere Ziele hat? Es fehlt der Leuchtturm. Nehmen wir an, der Rechenzentrumsumzug hätte mehrere Ziele: Zum einen sollen die Server von A nach B gebracht werden. Zum anderen soll damit ein neues Sicherheitskonzept umgesetzt werden. Außerdem sollen Lüftung und Brandschutz verbessert werden. Und zusätzlich noch, als soziales Ziel, die Vision von oben: Die Mitarbeiter sollen nicht mehr so oft zur Störungsbehebung gerufen werden. Wir haben also gleich vier Ziele. Das ist doch klasse, werden jetzt einige sagen. Und ja, so erscheint es im ersten Moment auch. Nun stellen wir uns folgende Situation vor: Die Lüftung könnte auf den allerneuesten Stand der Technik gebracht werden. Allerdings braucht die Lüftung dann mehr Raum. Als Konsequenz würden die Server enger stehen und es ist kein Platz mehr da, wenn das Rechenzentrum wächst. Wie entscheidet nun der Projektmanager? Er hat zwei konkurrierende Ziele. Wahrscheinlich ist die Antwort klar. Dann eben eine etwas kleinere Lüftung, die ihren Job auch gut macht, aber wir bekommen den Raum für die Server. Oft werden solche Entscheidungen intuitiv getroffen, da alle den eigentlichen Sinn des Umzugs kennen: Das Rechenzentrum fit machen, damit das Unternehmen wachsen kann. Doch die Entscheidung ist nicht immer so leicht.

Manchmal muss der Projektmanager bestimmen, welchem Ziel er in welcher Phase den Vorrang gibt. Das ist auf Dauer kontraproduktiv. Erst recht, wenn sich die Ziele widersprechen. Auch das habe ich schon erlebt. Klar, dann wird man auf jeden Fall einem Ziel gerecht. Das Projekt braucht bei mehreren Zielen umlaufende Winde. Wo es dann ankommt, kann niemand wirklich vorhersagen.

Deshalb sieht der Gordische Blick einen anderen Weg vor: Für uns gibt es genau eine Vision. Mögliche Rahmenbedingungen werden zusätzlich definiert. In diesem Fall könnte dann die Projektzieldefinition wie folgt aussehen:

1. ***Variante***

Nie wieder Angst vor nächtlichen Einsätzen durch den Aufbau eines neuen Rechenzentrums. Unter den Rahmenbedingungen, dass alle Server umgezogen werden müssen. Außerdem noch Platz für Wachstum da ist. Dass Lüftung und Brandschutz den gesetzlichen Anforderungen entsprechen und, wenn möglich, maximal modern sind.

2. ***Variante***

Ein hochmodernes Rechenzentrum für die Zukunft unseres wachsenden Unternehmens. Unter der Rahmenbedingung, dass die neue Lüftung und Brandschutz genug Raum für Wachstum lassen. Und dass die Mitarbeiter keine Angst mehr vor nächtlichen Einsätzen haben müssen.

Lesen Sie es genau. Spüren Sie den Unterschied? Eine Vision zu formulieren hat, wie oben beschrieben, das Potenzial für langfristige Orientierung. Ein zweites oder drittes Ziel als Rahmenbedingung darunter zu formulieren, gibt eine klare

Hierarchie der Ziele vor. Wenn es jetzt also zu einer Entscheidung kommt, kann sich das Projektteam klar danach richten. Es geht um das Erreichen der Vision. Die anderen Ziele sind untergeordnet. Probieren Sie es gern mit eigenen Projektzielen aus. Sie werden sehr schnell den wegweisenden Unterschied spüren.

7.2 KICK-OFF MIT ANWENDERN

Wenn das Ziel definiert und formuliert ist in einem knackigen Satz, dann ist es Zeit, die Anwender ins Boot zu holen. Dazu machen Sie ein *Kick-off* mit ihnen. Warum nur die Anwender? Weil die Umsetzer noch nichts zu tun haben. Noch ist nicht definiert, was gemacht werden soll. Sie würden die Umsetzer nur langweilen.

Konzentrieren Sie sich auf die Anwender. Sie müssen am Ende des Projekts mit dem Projektergebnis leben. Teilen Sie mit ihnen die Vision. Erklären Sie, wie der Auftraggeber darauf gekommen ist. Erklären Sie, was die Umsetzung für die Anwender bedeuten kann, und motivieren Sie sie, konstruktiv und kreativ mit in das Projekt einzusteigen. Beantworten Sie geduldig die Fragen, erklären Sie oder geben Sie Fragen an den Auftraggeber weiter. Er sollte beim *Kick-off* dabei sein. Schließlich ist es seine Idee, die zum Leben erweckt werden soll. Besprechen Sie mit den Anwendern, wie Sie das Projekt führen wollen, welche Meetings anstehen, welche Kommunikationsform gewählt wird. Kommen Sie mit einer klaren Vorstellung und tragen Sie sie vor. Nehmen Sie Anregungen auf und integrieren Sie die Anwender in das Vorgehen. Erklären Sie ihnen, falls nötig, warum Sie eine bessere Idee haben. Nicht immer ist der Wunsch des Teams besser als die Idee des Projektleiters. Erkennen Sie, wann es so ist und erklären Sie es dem Team. Dann geht es mit. An dieser Stelle wird erstmalig während des Projekts ein Team geformt. Nutzen Sie die Chance, schon hier zu zeigen, dass Sie wissen, wie es geht, so dass das Team Ihnen vertrauen kann. Verabreden Sie sich zum ersten Workshop für die Anforderungsanalyse. Dann wird es ein gelungener Start.

Hier kann es noch keinen Plan geben, vielleicht eine grobe Vorstellung, vielleicht ein paar Projektphasen. Aber ganz sicher noch keinen ausformulierten, kalkulierten Plan. Denn der setzt das Wissen über Anforderungen und deren Lösungskonzept voraus. Beides haben Sie noch nicht. Hinzu kommt, dass eine einmal genannte Zahl fest in den Köpfen des Managements eingebrannt ist. Diese nach oben zu korrigieren ist sehr, sehr schwer. Also lieber am Anfang keine Zahl nennen als eine zu niedrige.

7.3 ANFORDERUNGEN RICHTIG FORMULIEREN

Warum ist es so wichtig, die Anforderungen richtig zu formulieren? Sie enthalten die Konkretisierung der Vision aus Sicht der Personen, die mit dem Ergebnis leben wollen, sollen oder müssen. Also müssen sie so formuliert sein, dass das Ergebnis den Vorstellungen der Anwender entspricht. Das wiederum setzt voraus, dass Anwender in der Lage sind, die Anforderungen zu formulieren, und die Umsetzer sie richtig verstehen. Zwei Anforderungen an die Anforderungen, die im wirklichen Leben nicht so einfach sind. Wenn Sie sich in der agilen Nomenklatur wohler fühlen, ersetzen Sie Anforderungen durch *Backlog*. Hier werden die Anforderungen neben *Stories, Features*, etc. im *Backlog* dokumentiert.

7.3.1 WISSEN, WAS MAN WILL

Jeder, der schon mal Projekte geleitet hat, weiß, wie schwer es ist, die richtigen Anforderungen zu selektieren und dann richtig zu formulieren. Das geht damit los, dass viele sich noch gar nicht vorstellen können, wie am Ende das Ergebnis aussehen soll. Im agilen Umfeld wird deshalb wenig Zeit darauf ver(sch)wendet, die Anforderungen zu formulieren. In agilen Projekten wird mit der ersten Idee gestartet. Dann, nach Fertigstellung, den Anwendern gezeigt und dann korrigiert, bis das richtige Ergebnis vorliegt. Klingt sehr vernünftig, wenn man viel Erfahrung hat. Als ich *Scrum* lernte, war dieser Punkt ein wichtiges Element, das wir ganz praktisch an einem simplen Beispiel – Papierflieger bauen – in der Schulung erleben sollten. Leider war das Ergebnis eine Katastrophe. Statt uns die Zeit zu geben, uns erst einmal in der Gruppe über das gemeinsame Vorgehen, die Zielsetzung und Erfolgskriterien abzustimmen, also eine klassische Analyse zu machen, wurden wir gedrängt, sofort und intuitiv loszulegen. Das Ergebnis war erwartungsgemäß. Kein Flieger flog über die Ziellinie. Dann wurden blind Optimierungen ausprobiert, viele weitere *Sprints* durchgeführt. Am Ende lagen unzählige Papierflieger auf dem Fußboden, ohne dass auch nur eine akzeptable Anzahl die Ziellinie überschritten hatte. Was für eine Ressourcenverschwendung. Nein. So funktioniert agil nicht. Zum Glück gibt es im wirklichen Leben bessere *Scrum Master* als unseren Trainer, so dass das Ergebnis meist nicht so schlecht ausfällt.

Und doch bleibt die Frage, wie effizient es ist, sich an die Kundenbedürfnisse heranzutasten. Ich bin da sehr vorsichtig. Denn die wenigsten Projekte im Business-Umfeld sind so komplex, dass man sie nicht durch vorheriges Erfragen und Durchdenken analysiert bekommen würde. Anders ist es bei

Forschungsprojekten und dann, wenn man die Anwender nicht befragen kann, weil sie eine digitale, anonyme Gruppe sind.

7.3.2 ANWENDER FRAGEN, WAS SIE WOLLEN

Deshalb gehen wir von **Gordion Projects** sehr klassisch vor. Wir fragen einfach die Anwender, was sie wollen. Handelt es sich um ein sehr großes Projekt, bei dem mehr als zehn Anwender betroffen sind, organisieren wir die Anwender in Gruppen. Die Gruppen können sich zum Beispiel durch die Funktionen unterscheiden, die entwickelt werden sollen. Für die Anforderungsaufnahme sollten entweder mehrere Workshops durchgeführt werden – pro Gruppe einen bis zwei – oder die Verantwortlichen einigen sich auf einen Interessensvertreter je funktionaler Gruppe. Im agilen Bereich ist das oft der *Product Owner*. Dann können alle funktionalen Anwendergruppen in gemeinsamen Workshops die Anforderungen erarbeiten.

Wir lassen die Anwender dabei nicht allein. Wir führen sie mit passenden Fragetechniken durch Interviewprozesse. Wir hinterfragen das Warum hinter einer Anforderung und gern auch noch das nächste und übernächste Warum hinter diesem Warum. So lange, bis die Antwort den Kern der Anforderung beschreibt. Dieses Vorgehen nennt sich *7-Whys-Methode*[8]. Workshops, in denen alle oder zumindest mehrere Vertreter der Anwender zusammen die Anforderungen erarbeiten, sind keine rausgeschmissene Zeit. Es ist nur scheinbar ein Mehraufwand. Später zahlt es sich aus. Denn alle

8 https://de.wikipedia.org/wiki/5-Why-Methode

kennen die Anforderungen bereits und es folgt dann keine Diskussion, ob es überhaupt die richtige Anforderung war. Schreiben Sie die Ergebnisse groß auf Flipcharts (und übertragen Sie sie später in eine vernünftige Form in Excel, Word oder Tools wie Jira). Hängen Sie die Flipcharts im Projektraum auf. Sie werden über die gesamte Projektlaufzeit immer wieder darauf zurückkommen. An die Inhalte des Workshops können sich die Beteiligten meist viel besser erinnern als an irgendeine Zelle in einem Excel-Dokument.

7.3.3 STRUKTURDIAGRAMM STATT LANGER PROSA

Um Anforderungen vollständig und gut strukturiert zu erarbeiten, hilft ein Strukturdiagramm sehr. Wie geht man vor? Unter der Hauptkategorie, werden alle Arbeitspakete widerspruchsfrei einsortiert. Das kann ein Projektablauf sein mit seinen verschiedenen Phasen. Dann entspricht jedes Arbeitspaket einer Phase. Die Reihenfolge innerhalb einer Phase spielt an dieser Stelle keine Rolle. Im Strukturdiagramm geht es nur um eine übersichtliche und möglichst vollständige Auflistung aller Arbeitspakete, die im Rahmen eines Projektes umgesetzt werden müssen.

Im ersten Schritt müssen diese Arbeitspakete noch gar nicht ausformuliert sein. Es reicht völlig, sie zu benennen. Der Name des Paketes sollte allerdings so gewählt sein, dass jeder Projektteilnehmer weiß, worum es in dem Paket gehen soll.

Wenn Sie mit den Experten des Projekts über die einzelnen Säulen sprechen, können Sie sicher sein, dass keine elementaren Pakete übersehen werden. Sie erfassen sehr schnell den gesamten *Scope* des Projektes. Detaillierte Beschreibungen

Strukturdiagramm nach Objekten

Strukturdiagramm nach Ablauf

und untergeordnete Arbeitspakete erfolgen erst in einer späteren Projektphase, wenn entweder die Anforderungen dazu oder die Lösungen konkret definiert werden. Der Anspruch, jede Kleinigkeit zu erfassen, würde zu sehr dem unflexiblen Wasserfall-Modell entsprechen. Das Wissen darüber, WAS alles getan werden muss, gibt dem gesamten Projektteam Orientierung. Außerdem hilft es bei der Planung und beim *Reporting* an den Auftraggeber. Auch innerhalb des Anwender- und Projektteams sorgt es für Orientierung.

Das Strukturdiagramm kann groß ausgedruckt an der Wand im Projektraum hängen. In jedem Teammeeting können alle darauf schauen und über einzelne Punkte sprechen. Ohne großen Aufwand können an die Kästchen des Strukturdiagrammes die Namen der Mitarbeiter geklebt werden, die als nächstes an dem Arbeitspaket arbeiten. Wenn ein Paket abgeschlossen ist, streichen Sie es durch oder kennzeichnen anders deutlich, dass es bereits erledigt ist. Sie werden sich wundern, wie oft die Kollegen in den Raum kommen, um eine Weile auf den Plan zu schauen und dann wieder kommentarlos gehen. Ein Strukturdiagramm hilft allen im Projekt, sich zu orientieren. Versuchen Sie es mal.

7.3.4 ABWEICHENDE VORSTELLUNGEN MIT BLIND PAINTING AUFZEIGEN

Um die Kästchen des Strukturdiagramms mit Inhalt zu füllen, nutzen wir bei **Gordion Projects** manchmal als Mittel das *Blind Painting*.

Stellen Sie sich vor, ein Maler steht mit dem Blick zu Ihnen, aber mit dem Rücken zum eigentlichen Motiv. Er soll malen, was sie ihm sagen. Sie fangen also an, die Landschaft hinter dem Maler zu beschreiben. Da Sie auch auf sein Werk schauen können, erkennen Sie, dass er eine andere Vorstellung hat als Sie. Vielleicht sind seine Berge rund und grün, während Sie unter Bergen schroffe Gesteinsformationen verstehen. Nun gibt es weitere Mitstreiter. Auch sie verstehen unter den von Ihnen benutzten Begriffen etwas anderes als Sie. Und umgekehrt. Erst durch die Visualisierung erkennen alle, dass jeder seine eigene Vorstellung von diesen Begriffen hat.

Wenn sich Kollegen über ein fachliches Thema unterhalten, benutzen sie Fachausdrücke. Selbstverständlich wird dann nicht jedes Mal auch die Definition genannt. Vielleicht hat das Team relevante Begriffe zu Beginn einer bestimmten Arbeitsperiode definiert oder sie wurden in der Ausbildung allgemeingültig vermittelt. Dieses gemeinsame Verständnis von Begriffen und Situationen nennt man *Framing*. Das ist enorm wichtig, sonst müsste man in jedem Gespräch jeden Begriff erneut definieren.

Im Laufe der Zeit entwickelt aber oft jeder Einzelne sein eigenes Verständnis. Das *Blind Painting* macht diese Differenzen deutlich. Der *Blind Painter* eines Projektes malt keine Landschaften mit Bergen, sondern visualisiert Prozesse, Abläufe, Daten, Produkte, die entwickelt werden sollen. Oder Geschäftsprozesse, die durch das Projekt verändert werden sollen. Durch die Visualisierung erkennen alle Teilnehmer, dass es Unterschiede in der Interpretation gibt. Diese können nun komplett konfliktfrei offengelegt werden und eine neue, gemeinsame Definition entsteht. Dieses *Blind Painting* ist ein sehr einfaches, aber wirkungsvolles Instrument, um definierte Anforderungen genau zu prüfen und Differenzen zu korrigieren. *Blind Painting* hilft auch sehr gut, wenn es in einem Prozess einen Fehler gibt, der nicht offensichtlich ist. Durch die Visualisierung zeigt er sich oft ganz von allein.

Wichtig ist auch, dass Anforderungen von den Anwendern gemeinsam erarbeitet werden, damit sie am Ende von allen getragen werden.

Ich war gerade neu in ein Projekt eingestiegen. Da ging die Tür zu meinem Büro auf, eine Kollegin bat mich mit in ein anderes Meeting zu kommen, das mit meinem Auftrag nichts zu tun hatte, mit den Worten: „Sie können doch sowas!". Ich wusste nicht, um was es ging, aber ließ mich darauf ein. Im Besprechungsraum diskutierte eine Gruppe von Kollegen kontrovers, es ging um ein Problem, von dem jeder behauptete, der andere sei schuld und müsse es lösen. Also wandte ich *Blind Painting* an. Fragte, malte und korrigierte groß am Whiteboard. Irgendwann sagten alle, dass sie nun verstanden hätten, was das Problem gewesen war. Sie bedankten sich bei mir, das Meeting war zu Ende. Also ging ich auch, ohne selbst verstanden zu haben, was gerade passiert war. Dann kam der Geschäftsführer zu mir und bedankte sich ebenfalls: „Sie haben es geschafft, ein Problem, das seit zwei Jahren besteht, innerhalb von dreißig Minuten zu lösen. Wie haben Sie das gemacht?" *Blind Painting*. Es funktioniert ganz wunderbar.

7.3.5 IMMER NUR DAS WAS, NIE DAS WIE

Anforderungen müssen im nächsten Schritt sehr präzise formuliert werden. Ein Satz oder eine Kurzbeschreibung reicht. Sie muss das WARUM enthalten, für WEN sie ist und WAS sie fachlich fordert. Niemals eine Lösung: Immer nur das WAS, niemals das WIE.

Wenn Anwender bereits Lösungen fordern, kann es sein, dass sie schlechtere Lösungen fordern als möglich wären. Sie sind nicht die Experten für Lösungen. Also sollten die Anwender sich zurücknehmen.

7.3.6 KURZ, PRÄZISE UND WIDERSPRUCHSFREI

Viele Projektmanager denken, dass das Gegenüber die Anforderungen besser versteht, wenn sie möglichst umfangreich beschrieben werden. Das Gegenteil ist aber der Fall. Je ausführlicher die Anforderungen beschrieben werden, wenn zum Beispiel jedes Mal der gesamte Projektrahmen erklärt wird, dann kommt es oft unfreiwillig und unbewusst zu Widersprüchen zwischen den Anforderungen. Widersprüche müssen zum einen erkannt werden und zum anderen aufgelöst werden. Das kostet unnötig Zeit. Ein kurzes WARUM und ein klares WAS reichen vollkommen zur Anforderungsbeschreibung, nur eine Überschrift hingegen ist zu wenig.

7.3.7 FAZIT

Wie Sie sehen konnten, sind Anforderungen wichtig und es ist nicht so leicht, sie richtig zu formulieren. Ob Sie jetzt unseren Empfehlungen folgen oder eigene Methoden haben, ist nicht entscheidend. Wichtig ist in jedem Fall, dass sie Transparenz mit Interessen und Bedürfnissen verbinden. Was meine ich damit? Anforderungen beschreiben, was die Anwender nach dem Projekt an Veränderung haben wollen. In ihnen spiegeln sich, wie sonst nirgends im Projekt, die *Interessen* und *Bedürfnisse* der einzelnen Anwender wider. Die Interessen, die sich aus den Rollen ergeben, vielleicht aus der Tätigkeit des *Daily Business*, aber auch aus ihren ganz individuellen Bedürfnissen. Die Bedürfnisse kommen aus den Persönlichkeiten und können bei gleichem Interesse sehr voneinander abweichen.

Um diese *Interessen* und *Bedürfnisse* für die Umsetzer sichtbar und nachvollziehbar zu machen, bedarf es bei den Anforderungen maximale Transparenz, maximale Klarheit, maximale Sichtbarkeit. Wenn Sie diesen Aspekt immer präsent haben, sobald Sie Anforderungen aufnehmen, gelingt es Ihnen auch. Sie sollten dieselben Tools verwenden, um die Anforderungen zu erfassen, die auch für das Projekt verwendet werden. Jira-Tickets können erweitert werden, es gibt Felder, um das WARUM zu beschreiben. Es gibt außer Jira noch weitere gute Tools. Anforderungen können auch gut strukturiert in einer Excel-Liste erfasst werden.

7.4 KICK-OFF MIT UMSETZERN

Jetzt kann es losgehen. Jetzt dürfen die Ideen sprudeln. Holen Sie die Umsetzer mit an den Tisch, an dem bereits die Anwender und gern auch der Auftraggeber sitzen. Das *Kick-off* ist der Transfer von der Vision über die Anforderungen hin zu konkreten Lösungen. Die Rolle der Umsetzer ist es, optimale Lösungen für die Anforderungen zu finden. Wie oben beschrieben, dürfen noch keine Lösungen formuliert sein. Die Umsetzer müssen die Anforderungen verstehen. Dazu brauchen Sie die Vision und die Anforderungen, die von der Vision abgeleitet wurden. Nutzen Sie hier auch gern das Strukturdiagramm zur Orientierung. Nehmen Sie sich Zeit. Alle zusammen. Je besser die Umsetzer die gesamte Vision verstehen, desto passendere Lösungen werden sie finden. Gehen Sie die Anforderungen durch, lassen Sie Fragen und Erklärungen zu. Hier wächst das Team zusammen. Ein Projekt ist die Interaktion zwischen den Menschen. Lassen Sie sie interagieren. Wenn es länger als maximal zwei Stunden geht, planen sie zeitnah ein weiteres Meeting ein, um auch noch die restlichen Anforderungen vorzustellen. Hier müssen noch keine Lösungen erarbeitet oder abgestimmt werden. Hier geht es um das Verständnis, den Austausch, vielleicht erste Ideen und die gemeinsame Vision.

Oft wird in *Kick-offs* der Projektplan vorgestellt. Das kann man machen, wenn man schon eine realistische Vorstellung davon hat. Da die Lösungen noch nicht vorliegen, sind Schätzungen und Planungen selten seriös möglich. Es gibt natürlich Projekte, die vorangegangenen Projekten gleichen, wie Roll-outs, Rechenzentrumsumzüge, Softwareentwicklung auf Basis bestehender Anwendungen. Dann können Erfahrungen zu Plänen führen, bevor konkrete Lösungen erarbeitet wurden. Sogar einigermaßen seriös. Und dieser Plan sollte dann auch unbedingt gezeigt werden. Grundsätzlich gilt, dass die *Kick-offs* dazu da sind, den Beteiligten am Projekt möglichst viel Orientierung zu geben. Also darüber, WAS und WARUM WIE stattfindet, wenn möglich auch WANN.

Vereinbaren Sie die Kommunikationsform, Termine und auch die Dokumentationsgrundlagen. Nutzen Sie alle agilen und klassischen Instrumente, die Ihnen vertraut sind oder sinnvoll vorkommen. Je klarer das Projekt für alle Beteiligten ist, desto weniger müssen sie sich damit beschäftigen. Desto mehr können alle ihre Kraft in das Projekt selbst stecken.

Ich hatte den Auftrag für meinen Kunden die Anforderungen aufzunehmen, um ein bestehendes Portfoliosystem zu erweitern. Das IT-System war ein lizensiertes Standardsystem. Das System sollte neue Funktionen erhalten, um zusätzliche Aufgaben des Kunden erfüllen zu können. Also fragte ich die Anwender auf Kundenseite, was benötigt wird. Jede Lösung, die die Anwender formulierten, hinterfragte ich, bis die eigentlich fachlichen Anforderungen hervortraten. Diese Anforderungen erfasste ich. Eine nach der anderen. Ganz ohne Lösungsanteil. Dann folgte das *Kick-off* mit der IT-Firma, also den Umsetzern. Es dauerte gefühlt ewig, weil die

IT-Firma fragte und fragte. Wir erklärten geduldig alles und beschränkten uns auf den fachlichen Aspekt. Wir diskutierten erste, spontane Lösungsansätze, verwarfen sie oder hielten sie fest und gingen nach mehreren Stunden gut gelaunt auseinander. Nach vier Wochen rief mich mein Auftraggeber etwas verunsichert an. „Die IT-Firma hat noch nicht einmal angerufen. So etwas habe ich noch nie erlebt. Kann es sein, dass das alles schief gegangen ist?" Das war es nicht. Nach sechs Wochen präsentierte die IT-Firma die Anpassungen. Sehr zur Überraschung meiner Kunden. Die Lösungen waren ganz anders als die Vorschläge der Kunden. Die IT-Firma konnte Lösungen entwickeln, die zur Architektur ihres Systems passten und damit für die nächsten Jahre wartbar und wieder veränderbar blieben.

Das ist ein sehr schönes Beispiel für ein gelungenes *Kick-off*. Es hat sich ausgezahlt, dass das *Kick-off* so viel Zeit in Anspruch genommen hat, denn dadurch verlief die Umsetzung ohne weitere Zwischenfälle. Dieses Portfoliomanagementsystem läuft bis heute bei meinem Kunden.

7.5 DIE PROJEKTPLANUNG

> ***Nein, es ist weder unverschämt noch vermessen, wenn Manager einen Projektplan mit einem verlässlichen Endtermin haben wollen. Es ist ihre Aufgabe, das Unternehmen wirtschaftlich zu führen, und dies ist ohne Verbindlichkeit gegenüber den Kunden und Geschäftspartnern nicht möglich.***
>
> *Gordischer Leitsatz Nr. 10*

Planung gibt dem Projektteam Orientierung. Der Auftraggeber weiß, wann er mit dem Ergebnis rechnen kann, und bezieht es vielleicht in andere Planungen mit ein. Er braucht den Projektplan, um strategisch und operativ sein Unternehmen führen zu können. Er hat also ein grundlegendes Interesse daran.

Die Anwender- und Umsetzerteams können sich ebenfalls am Plan orientieren, wissen wann was kommen soll, und teilen ihre Ressourcen entsprechend ein. Orientierung gibt den Mitarbeitern ein gutes Gefühl.

In einem mittelständischen Unternehmen, das mich beauftragt hatte, gab es keine Pläne. Interessanterweise lag die Ursache dafür in der überaus agilen Arbeitsweise der Geschäftsführung. Die Projektmanager und *Product Owner* forderten genau diese Verbindlichkeit ein. Sie sprachen von fehlender Orientierung, von wechselnden Priorisierungen und völliger Überlastung. Hier habe ich behutsam die komplett agile Vorgehensweise in eine hybride Vorgehensweise umgewandelt. Wir vereinbarten schon früh im Prozess verbindliche Abstimmungen. Mit den Abstimmungen fügten sich neue Anforderungen leichter ein. Denn nun gab es Transparenz über die Vorhaben, Zieltermine und Aufwände. Bei den ersten Pilotprojekten zeigte sich, dass die Umstellung richtig war, auch wenn es für das gesamte Unternehmen noch ein langer Weg sein würde.

Ein solider Plan hilft allen sehr, einer, der sich möglichst nicht verändert, der möglichst zeitsicher zum Ergebnis führt.

7.5.1 DER RICHTIGE ZEITPUNKT FÜR DIE PLANUNG

Der richtige Zeitpunkt hängt ein wenig von den Erfahrungen ab:

- Wenn Sie, auf Erfahrungen aus vergangenen Projekten zurückgreifen können, dann erstellen Sie einen groben Plan schon vor der Analysephase. Wenn eine Baufirma Fertighäuser anbietet, ist jedes Bauvorhaben ein eigenes Projekt. Trotzdem kann der Bauunternehmer auf Erfahrungen zurückgreifen und eine vergleichende Planung sehr früh im Projekt ansetzen.
- Wenn das nicht vorliegt, Sie aber das Umfeld bereits kennen, können Sie wahrscheinlich die Analysephase gut planen, müssen aber die Umsetzungsphase noch offenlassen.
- Ohne vergleichbare Erfahrungen, konkrete Anforderungen und deren Lösungskonzepte ist eine seriöse Planung der Umsetzung im frühen Stadium des Projektes nicht möglich. Spätestens nach Konzeption der Lösung sollte aber ein stabiler Projektplan die Implementierungsphase beschreiben und vor allem ein verbindliches Projektende angeben.

7.5.2 DER WEG ZUM BELASTBAREN PROJEKTPLAN

Einen einheitlichen Weg, um zu einem soliden Projektplan zu gelangen, gibt es nicht. Ein paar unterschiedliche Empfehlungen füge ich hier ein, die ich in verschiedenen Unternehmen und Schulungen kennengelernt habe. Je nach Persönlichkeit des Projektmanagers ist für den einen eine detaillierte Planung hilfreich, für den anderen eher ein Gesamtpaket. Entscheiden Sie für sich selbst, was Sie am meisten anspricht:

- Man kann jedes einzelne Arbeitspaket planen mit Dauer,

Aufwand, Ressourcen und Abhängigkeiten. Daraus einen Netzplan erstellen, den kritischen Pfad identifizieren, Puffer einbauen und hoffen, dass man an alles gedacht hat.
- Man kann auf das Bauchgefühl hören, Erfahrungen heranziehen, grobe Schätzungen abgeben und daraus einen Plan erstellen. Das ist nicht der schlechteste Weg, da das Bauchgefühl oft die verdichteten, langjährigen Erfahrungen widerspiegelt.
- Man kann die einzelnen Betroffenen nach deren Aufwandsschätzung fragen. Und dann mit einem Puffer von mindestens dreißig Prozent die Tätigkeiten drum herum planen, zum Beispiel Testdauer als Entwicklungsdauer annehmen. Daraus entsteht dann ein Plan.
- Man kann einen Planungspoker durchführen. Der Umfang jedes Paketes wird durch eine Gruppe geschätzt. Der höchste und der niedrigste Wert werden weggestrichen und der Durchschnitt gebildet. Die Pakete werden addiert und dann geplant.
- Man kann auf den Plan verzichten und nur in *Sprints* denken. Die Annahmen sind dann nicht präzise. Das Vorgehen gibt am wenigsten Orientierung und Verbindlichkeit.

Egal, wie Sie zu einem Plan kommen: Ein Plan ist der möglichst plausible Versuch, in die Zukunft zu schauen. Die Zukunft vorhersagen kann kein Mensch, auch kein Projektmanager oder *Product Owner*. Ein Risiko bleibt immer.

Was Sie tun können, ist Ihre Plausibilität der Planung mit dem Team und dem Auftraggeber zu besprechen. Transparent Ihre Überlegungen aufzeigen, das ist der entscheidende Punkt. Der Auftraggeber und das Team müssen Ihren Plan verstehen und ebenfalls daran glauben, dass er realistisch ist. Das bedeutet, dass er zu diesem Zeitpunkt der Projektphase plausibel ist. Vielleicht fragt der Auftraggeber nach, vielleicht bringt er relevante Punkte ein, die auf den Plan Einfluss nehmen können. Dann passen Sie gemeinsam den Plan an, bis beide Seiten ihm zustimmen. Das ist wichtig. Denn der Plan ist am Ende Ihr Versprechen an den Auftraggeber, dass Sie alles tun werden, um diesen Plan zu halten. Und genau das ist Ihr Interesse. Diese Fähigkeit unterscheidet durchschnittliche von hervorragenden Projektmanagern. Ein verbindlicher Endtermin, der eingehalten wird, ist sehr wichtig. Wenn Sie am Anfang des Projektes ein unrealistisches Versprechen abgeben, dass immer wieder neu gesetzt und gerissen wird, verspielen Sie das Vertrauen in Sie.

Entscheidend ist nicht der Plan an sich, sondern dass eine gemeinsame Verpflichtung dazu besteht. Wichtig ist, dass alle versuchen, sich an diesen Plan zu halten. Er ist im Interesse des Auftraggebers, er kann nun einen verbindlichen Termin einplanen und kommunizieren. Er ist im Interesse der Anwender, weil sie wissen, wann es zu einer Veränderung für sie kommen wird. Und er ist im Interesse der Umsetzer. Wenn der Plan mit ihnen abgestimmt ist, gibt es keinen Grund, ihn zu kritisieren oder über den Projektmanager zu schimpfen. Sie nehmen Sie als Projektmanager ernst.

Aber Sie sind auch nur ein Mensch. Manchmal waren Annahmen falsch oder die Wirklichkeit entwickelt sich anders als gedacht. Sollten im Laufe des Projektes ungeplante Ereignisse dazwischenkommen, sollten Sie nicht versuchen, den Ursprungsplan doch noch zu halten. Wenn der Plan korrigiert werden muss, stehen alle hinter Ihnen. Ein Plan ist nur ein Instrument. Ein Auftraggeber, der sich als Teil des

Projektteams sieht und die Annahmen hinter der vorherigen Planung akzeptiert hat, wird mit Ihnen zusammen jede Herausforderung meistern.

Mit dem *Gordischen Blick*, also mit *Transparenz* und *Achtung* und *Wertschätzung*, werden Projekte oft nicht nur plangerecht, sondern sogar vor der Zielvorgabe fertiggestellt. Probieren Sie es aus. Sie werden sich wundern.

Nun gibt es aber auch andere Auftraggeber. Menschen, die grundsätzlich den Projektmanager unter Druck setzen wollen. Aus Prinzip? Aus Machtgründen? Um ihn zu testen? Egal. Lassen Sie es nicht zu. Denn was passiert, wenn Sie einknicken beim unbegründeten Protest des Auftraggebers? Er wird Sie ab sofort nicht mehr ernst nehmen. Wie auch? Sie kommen mit einem Plan, er interveniert und Sie kippen um. Wie soll so ein Projektmanager Herausforderungen bewältigen? Wenn Sie nach bestem Wissen und Gewissen seriöse Annahmen getroffen haben und aus Ihrer Erfahrung heraus ein gutes Gefühl mit dem Plan haben, dann stehen Sie dazu. Nur so entsteht Vertrauen zwischen Ihnen und dem Auftraggeber.

So ein Machtspiel habe ich einmal bei einem großen Konzern erlebt. Meine Kalkulation wurde als viel zu hoch bewertet, andere würden das Gleiche zum halben Preis anbieten. Und so schwer könne es ja auch nicht sein, so die Argumentation des damaligen Bereichsleiters. Ich blieb hart, erklärte ihm sachlich-fundiert, dass weniger Budget unseriös wäre, wir aber den Umfang natürlich reduzieren könnten. Es blieb bei dem geplanten Umfang und auch beim Budget. Freunde wurden wir nicht, aber das Projekt konnte nun ohne Störungen zielstrebig umgesetzt werden.

Manchmal steckt der Auftraggeber selbst in Zwängen und benötigt aus politischen Gründen ein früheres Projektende. Dann können Sie ihm entgegenkommen, indem Sie gemeinsam den Umfang neu definieren und schon jetzt ein Nachlaufprojekt vereinbaren. Voraussetzung ist, dass beide das gleiche Verständnis von der Situation haben.

7.5.3 GLIEDERUNG NACH PROJEKTPHASEN

Ich habe bisher in meiner langjährigen Laufbahn zwei grundsätzlich unterschiedliche Arten von Projektplänen kennengelernt. Die allermeisten Projekte durchlaufen Projekt-Phasen, die auf Regelkommunikation beruhen: Projektinitialisierung, Anforderungsanalyse (auch Lastenheft genannt), dann Konzeption (auch Pflichtenheft genannt), dann Implementierung, Test, Schulung, Einführung. Es ist an dieser Stelle egal, ob Sie die einzelnen Phasen klassisch abwickeln oder in *Sprints*. Wichtig ist, dass Sie alle Phasen in den Plan aufnehmen, den zeitlichen Aufwand benennen und am Ende jeder Phase einen Meilenstein setzen. Meilensteine schaffen Orientierung auf grafischer Ebene.

Ordnen Sie die Arbeitspakete aus dem Projektstrukturplan den Phasen zu und schätzen Sie die Dauer. Finden Sie heraus, ob Abhängigkeiten zu anderen Arbeitspaketen und Ressourcen bestehen. Dann bringen Sie die Arbeitspakete in eine Reihenfolge oder ordnen Sie sie parallel an. Wichtig ist, dass Sie nicht zu kleinteilig planen. Seien Sie großzügig. Ich addiere einen Puffer von dreißig Prozent dazu. Ohne Puffer zu planen ist unseriös. Es kommt immer etwas dazwischen. Ich empfehle die Planung großer Pakete, die stabil bleiben. Untergeordnete Punkte können sich ändern, so oft es nötig ist. Das ist das Leben.

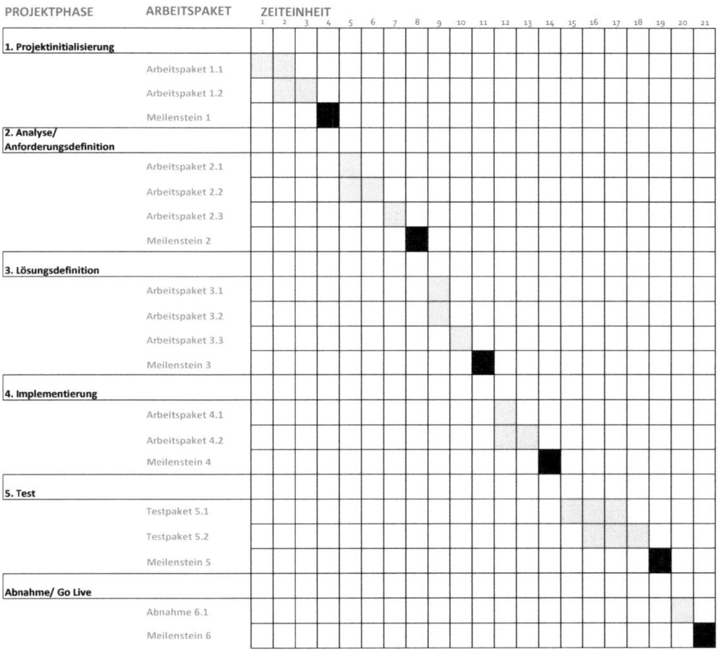

Phasenplanung

Sollten große Arbeitspakete drohen vom Plan abzuweichen, ist es Ihre Aufgabe, Lösungen zu finden, die eine Verschiebung vermeiden oder sie in der Wirkung abschwächen. Und glauben Sie mir: Es gibt immer Lösungen. Meist mehr als eine. Man darf nur nicht zu früh aufgeben. Vor allem bei klassischen Softwareentwicklungen gliedere ich meinen Plan nach den Projektphasen. Die einzelnen Projektteile (sowohl vertikal als auch horizontal, wenn man ein Strukturdiagramm zugrunde legt) können nacheinander oder auch parallel abgearbeitet werden. Die Orientierung ist stets für alle gegeben. Alle haben jederzeit das Hauptziel und das Projektende vor Augen. Innerhalb der einzelnen Phasen kann man mit *Sprints* oder anderen agilen Methoden arbeiten.

7.5.4 GLIEDERUNG NACH WELLENPLAN

Eine Alternative zum Plan nach Projektphasen ist der Wellenplan. Auch er beschreibt nur den Rahmen. Ob Sie innerhalb des Rahmens mit *Sprints* oder anderen Instrumenten arbeiten, ist erst einmal irrelevant. Der Wellenplan hat einen anderen Planungs- und Umsetzungsansatz als der Phasenplan.

Er durchläuft alle oder einzelne Phasen im Laufe des Projektes immer wieder, so lange bis alles abgearbeitet wurde. Was bedeutet das? Denken Sie an Projekte, bei denen viele, eigentlich gleiche Arbeitspakete für unterschiedliche Objekte umgesetzt werden.

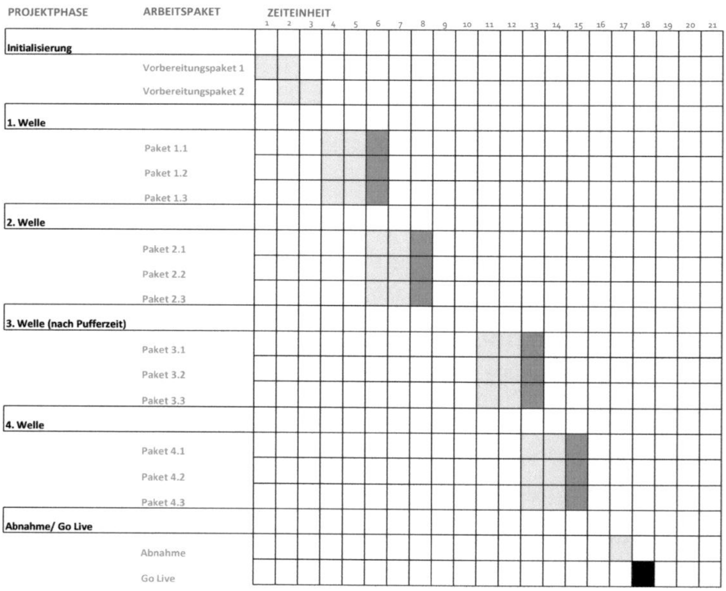

Wellenplanung

1. Beispiel
Von einem Software-Roll-out sind mehrere Rechner betroffen.

Bei jedem Rechner erfolgen die gleichen Abläufe: Analyse der individuellen Apps und Abhängigkeiten, Sicherung der Apps, Basissystem neu aufsetzen, schließlich die gesicherten Apps installieren. Das Projekt ist erst erfolgreich, wenn alle Rechner aktualisiert wurden.

2. Beispiel
Der Umzug des Rechenzentrums steht an.

Die Abläufe für jeden einzelnen Server sind immer gleich: Analyse der Apps auf dem Server und ihrer Abhängigkeit, Analyse des Betriebssystems und der Speichersysteme, Umzug organisieren, Server neu aufsetzen und bestücken, Test der Apps. Das Projekt ist erst beendet, wenn alle Apps im neuen Rechenzentrum laufen.

3. Beispiel
Eine Standardanwendung in einem Unternehmen wird von verschiedenen Abteilungen unterschiedlich genutzt. Die unterschiedlichen Funktionen sind nicht dokumentiert.

Das Projekt ist erst abgeschlossen, wenn jede einzelne Abteilung am Ende eine neue Version der Software hat, die die einzelnen Anforderungen erfüllt.

Wie kommen Sie zu einem Wellenplan?

- Oft gehört zur Vorphase eine Inventur. Alle betroffenen Objekte, Rechner, Server, Applikationen, Abteilungen, etc. werden aufgenommen.
- Im nächsten Schritt wird analysiert, welche Arbeitspakete in welcher Reihenfolge für jedes Objekt durchgeführt werden müssen. Das kann eine Gap-Analyse sein, oder eine andere Lösungskonzeption. Manchmal ist es auch schon ein Test, der spezifisch auf das Objekt abgestimmt ist. Manchmal ist eine Welle so lang, dass innerhalb der Welle *Sprints* sinnvoll sind.
- Es folgt eine Schätzung der Dauer einer Phase, also wie viel Zeit jede Phase durchschnittlich pro Objekt beansprucht.
- Im nächsten Schritt werden mehrere Objekte zu einer Welle gebündelt. Das heißt, abhängig von den Ressourcen und weiteren Gemeinsamkeiten wird kalkuliert, wie viele Objekte in einer Welle parallel abgewickelt werden können.
- Die Anzahl aller Wellen ergibt Aufschluss über die gesamte Dauer des Projektes. Manchmal schließt sich noch eine gemeinsame Abschlussphase an oder ein Integrationstest für alle Objekte. Es können pro abgeschlossener Welle Projekterfolge vermeldet werden, ähnlich wie bei der inkrementellen Entwicklung. Manchmal können Wellen versetzt gestartet werden, das hängt von den Ressourcen ab.

Der Vorteil dieser Planung besteht darin, dass das Projektteam mit jeder Welle Erfahrungen sammelt. Zwischen den Wellen ist es klug, ab und zu Puffer einzuplanen. Wenn alles gut läuft, kann jede Welle dank wachsender Routine schneller als die vorherige fertiggestellt und das Projekt oft vorfristig abgeschlossen werden.

Ich mag den Wellenplan sehr gern, da er eine verbindliche Orientierung für alle bietet und gleichzeitig viel Spielraum zulässt. So kann man mitten im Projekt die Restlaufzeit der Realität anpassen, verlängern oder verkürzen, ohne dass die Gesamtplanung unglaubwürdig wird. Jeder erlebt selbst, dass der Zeitplan für die einzelne Welle passt. Jeder erkennt selbst, wo das Projekt steht.

Dieses Vorgehen habe ich bei einem großen Rechenzentrumsumzug angewendet. Das Rechenzentrum bestand aus über siebenhundert Applikationen auf über zweitausend Servern. Ich habe die Applikationen in Wellen zusammengefasst. Nach den ersten zwei bis drei Wellen konnten wir die Dauer gut einschätzen und auch auf Besonderheiten reagieren. Alle, auch das Management, konnte so ganz einfach das Projekt verfolgen und nachfolgende Aktivitäten punktgenau terminieren.

Es passt natürlich nicht bei jedem Projekt. Aber wenn es passt, ziehe ich den Wellenplan der Phasenplanung vor.

7.6 DAS DAILY

Wir haben eine Vision formuliert. Wir kennen die Anforderungen der Anwender und haben die Umsetzer ins Boot geholt. Inzwischen steht auch ein gut durchdachter, plausibler Projektplan. Nun geht es in die Implementierungsphase, die Anforderungen sollen umgesetzt werden. Der Austausch erfolgt durch drei zyklische Regel-Meetings:

- Das *Daily* mit den Umsetzern
- Das Projektmeeting mit Umsetzern und Anwendern
- Das Statusmeeting mit dem Auftraggeber

Bei dem *Daily* justiert das Umsetzungsteam in kurzen Abständen das Projekt neu aus. Legen Sie eine passende Zeit fest. Täglich oder nur ein- bis zweimal pro Woche? Das hängt von vielen Faktoren ab: Wie groß ist das Projekt und das Team? Wie viele Projekte und *Daily*s haben die Teilnehmer parallel? Wie viel operatives Geschäft müssen sie erledigen? Wichtig ist, dass der gemeinsame Austausch verbindlich stattfindet.

Bei *Scrum* lernen wir, dass das *Daily* nur zehn Minuten dauern darf. Was schafft man in zehn Minuten? Nur einen ganz kurzen Status. Das Abgeben eines Status macht aber niemandem Spaß. Da entsteht keine Interaktion. Das ist nur ein unpersönliches *Reporting*. Machen Sie aus dem *Daily* ein Event, eine Bühne für die Erfolge und Sorgen jedes einzelnen Teilnehmers. Jeder kann sich äußern zu seiner Arbeit und Fragen loswerden. Das *Daily* ist die Plattform für die Umsetzer, dort werden sie zum Team zusammengeschweißt.

Das *Daily* ist vor allem ein soziales Ereignis. Schaffen Sie Raum und Zeit für einen offenen Austausch von Ergebnissen, Sorgen und Herausforderungen. Ermöglichen Sie einen Informationstransfer: Wer arbeitet wann warum und woran. Wer beschäftigt sich aktuell womit und wo gibt es eventuell Herausforderungen? Je mehr Herausforderungen gemeinsam gelöst werden, desto enger rücken alle zusammen. Je mehr respektvolle Zusammenarbeit entsteht, desto größer ist das Engagement eines jeden Einzelnen. Manchmal ist es wichtig, zusammen Quatsch zu machen, zu lachen, die Anspannung loszulassen. Manchmal braucht es private Elemente, die uns menschlicher machen und damit vertrauter werden lassen. Das *Daily* darf gern mal eine ganze Stunde dauern.

Ein Projekt, das ich geleitet habe, war sehr emotional aufgeladen, wegen der komplexen Situation, in die es eingebunden war. Eines Tages berichtete ein Kollege im *Daily* über eine sehr positive Verhaltensweise eines Kollegen aus einem anderen Team. Dabei erwähnte er immer wieder dessen Pudelmütze. Also besorgte ich genau diese Pudelmützen für das gesamte Team und verteilte sie im nächsten *Daily*. Das hatte eine unglaubliche Wirkung. Alle lachten, freuten sich und waren stolz. Sie erkannten die Anerkennung, die dahinter steckte.

Mehr Zeit bedeutet nicht, dass jede Diskussion zu Ende geführt werden muss. Einiges ist nicht im Detail für jeden interessant. Nach einem Diskussionsstart kann das Thema ausgelagert werden. Trotzdem haben alle mitbekommen, dass es ein Thema, ein Problem, eine Herausforderung gibt. Und jeder kann im nächsten Meeting fragen, was dabei herausgekommen ist. Keiner fühlt sich ausgeschlossen. Jeder ist Teil des Teams, ohne an jeder Lösung beteiligt sein zu müssen.

Transparenz entsteht, wenn jeder zu jeder Zeit weiß, wer was wann und warum tut. Das *Daily* ist die Plattform dafür. Lassen Sie sich nicht durch Time Boxing entmutigen oder wenn anfangs Teammitglieder desinteressiert sind. Sie werden sehen, wie schnell das Team zusammenwächst und das *Daily* zu schätzen weiß.

7.7 WÖCHENTLICHES PROJEKTMEETING

Ein Projekt erfordert einen regelmäßigen Austausch zwischen Umsetzern und Anwendern. Auch hier geht es, wie im *Daily*, darum, sich abzustimmen, Probleme zu verstehen und Herausforderungen gemeinsam zu lösen. Konkret sollten in diesem Meeting sowohl die nächsten Punkte zur Umsetzung abgestimmt (*Planning* in *Scrum*) als auch bereits vorhandene Ergebnisse besprochen werden können (*Sprint Review* in *Scrum*). Auch das braucht Zeit. Ich plane immer eine Stunde pro Meeting. Oft geht es schneller, doch wenn man die Zeit braucht, dann ist sie vorhanden.

Das Projektmeeting ist mehr als nur der formale Abgleich der Erwartungen mit den Ergebnissen. Es ist auch hier ein Event, der das Projektteam stärken kann. Deshalb empfiehlt der Gordische Blick, diese Meetings nicht mit *Sprints* zu koppeln und funktional zu reduzieren. Sondern sie sollten regelmäßig, zum Beispiel wöchentlich, stattfinden und der Projektmanager kann sie ebenfalls moderieren, so dass ein gegenseitiger Austausch entsteht.

Jetzt mag der Einwand kommen, dass solche wenig zielgerichteten Meetings schnell zu „Laberveranstaltungen" mutieren. Ja, das sollten Sie als Moderator unbedingt vermeiden. Aber verhindern Sie nicht den menschlichen und interessierten Austausch an allem, was das Projekt, und ein bisschen darüber hinaus, betrifft.

In Projektmeetings werden oft Informationen geteilt, die nur mittelbar das Projekt betreffen, wie organisatorische Entwicklungen im Unternehmen oder Klatsch und Tratsch über die Abteilungsgrenzen hinweg. Hier lernen sich alle über die Rollengrenzen hinaus kennen und verstehen. Daraus entsteht natürlicher Respekt füreinander und das zwischenmenschliche Konfliktpotential sinkt. Die Bereitschaft steigt, dem anderen zuzuhören und gemeinsame Lösungen zu finden.

Deshalb sind diese Meetings wichtig. Sie sind deutlich mehr als nur Input für das Umsetzungsteam. Sie bedeuten *Anerkennung* und *Wertschätzung* für alle. Vergessen Sie das nicht. Auch wenn es manchmal hoch hergeht in diesen Meetings.

7.8 MONATLICHES STATUSMEETING

Der Auftraggeber ist bei unserem *Gordischen Blick* Teil des Projektteams. Er muss gut informiert sein über die Entwicklung allgemein, ohne dass er über alle Einzelheiten Bescheid wissen muss. Diese Funktion erfüllen Statusmeetings. Das Interesse des Projektteams wird hier durch den Projektmanager vertreten: Rahmenbedingungen zu schaffen, die den Projekterfolg positiv beeinflussen.

Der Auftraggeber entscheidet, wie oft diese Meetings stattfinden sollten. Ich habe es oft erlebt, dass der Auftraggeber wöchentlich informiert werden möchte. Das kann Kontrolle sein oder ernsthaftes Interesse am Geschehen. Wenn diese Meetings oft stattfinden, sind sie kurz. Der Austausch ist aber gesichert, für beide Seiten.

Das Statusmeeting mit dem Chef ist ein Austauschmeeting auf Augenhöhe. Der Projektmanager berichtet über Projektfortschritt, Herausforderungen und die Notwendigkeit Rahmenbedingungen zu verändern. Der Auftraggeber hört zu, fragt nach und zeigt sein Interesse. Wichtig ist hier, dass beide bereit sind, die Interessen zu verstehen und zu respektieren. Keiner macht seinen Job, um gegen den anderen zu arbeiten.

Okay, manchmal doch. Versuchen Sie durch maximale Transparenz, aber auch durch ein souveränes Verhalten die Situation in die richtige Richtung zu lenken. Machen Sie dem Auftraggeber höflich, aber deutlich bewusst, dass Sie in seinem Auftrag arbeiten, dass Sie nach Lösungen suchen, um die Interessen aller in Einklang zu bringen. Und dazu steht es Ihnen auch zu, Anforderungen an die Organisation zu stellen. Dem Auftraggeber steht es umgekehrt zu, sie abzulehnen. Dann schauen Sie gemeinsam, ob sie andere Lösungen finden. Es gibt immer Lösungen. Meist auch mehr als eine. Zeigen Sie ihre Lösungskreativität, zeigen Sie ihr Einfühlungsvermögen. Es gab nur wenige Fälle in meinem Leben, in denen ich das Eis nicht brechen konnte. Haben Sie Mut. Sie können auch im Notfall die Vertrauensfrage stellen, wenn Ihr Vorgehen immer wieder in Zweifel gezogen wird. Denn wenn Ihnen nicht vertraut wird, scheitern Sie eh, egal ob objektiv oder subjektiv. Am Ende entscheidet auch das Verhältnis zwischen Projektmanager und Auftraggeber über den Projekterfolg.

7.9 FEEDBACK- UND ABSCHLUSSMEETING

Das letzte Meeting unserer Regelkommunikation ist das Feedback- und Abschlussmeeting. Warum? Um alle zu feiern! Ja, das ist das Wichtigste. Egal wie knapp es mit dem Projekt ausging, egal welche Probleme vielleicht sogar noch offengeblieben sind – jetzt ist der Zeitpunkt, den Einsatz und das Engagement zu feiern. Es war anstrengend, es war lang, es war manchmal nervig. Doch Sie sind bis hierhergekommen. Also feiern sie sich alle zusammen! Und bedanken Sie sich beim Team.

Und dann folgt das Feedback. Fragen Sie jeden, was das Team insgesamt nächstes Mal noch besser machen kann und was jeder Einzelne Ihnen wünscht. Hören Sie zu, nehmen Sie es auf, lassen Sie es wirken. In jeder Kritik steckt ein Körnchen Wahrheit. Aus jedem Feedback lässt sich etwas lernen für das nächste Projekt.

Jetzt können sich alle die besten Anekdoten aus dem gemeinsamen Projekt erzählen und darüber lachen. Alle sind fröhlich und entspannt und freuen sich auf die nächste Zusammenarbeit.

Damit ist die Regelkommunikation des *Gordischen Blicks* abgeschlossen. Sie ist das Instrument für die Teambildung. Sie ist der Ort des Austausches und der Unterstützung. Sie ist aber auch der Ort, an dem sowohl absolute Transparenz als auch *Achtung* und *Wertschätzung* für jeden Einzelnen gelebt werden. Hier wächst der Respekt füreinander, auch bei ganz unterschiedlichen Persönlichkeiten. Die Regelkommunikation ist der Herzschlag des Projektes: regelmäßig, verbindlich und voller Energie.

7 REGELKOMMUNIKATION ALS PLATTFORM FÜR ACHTUNG UND WERTSCHÄTZUNG UND TRANSPARENZ

Zeit für eine kleine Pause. Was kommt dir in den Sinn, wenn du dieses Kapitel auf dich wirken lässt? Worüber denkst du nach? Petra Menzel freut sich auf Feedback und Fragen.

autorenclub.de/pm7

Über den Zugang zur Internetseite der Autorin können die einzelnen Buchkapitel kommentiert werden. Neben Feedbacks sind auch Fragestellungen möglich, die die Autorin per Sprachnachricht oder E-Mail beantworten wird.

Entscheide selbst, ob du Petra Menzel persönlich Feedback geben möchtest oder deine Meinung mit der gesamten Leserschaft teilen willst. Falls Fragen zur Interaktion mit der Autorin aufkommen, beantwortet unser Verlagsteam diese gerne unter: leserfragen@marianprill-verlag.de

8 PROJEKTKRISENINTERVENTION MIT DEM GORDISCHEN BLICK

Ein Projektmanager sollte den Mut haben, manchmal auch einsame Entscheidungen zu treffen. Nicht jeder Schwarm ist in jeder Situation intelligenter als der Einzelne.

Gordischer Leitsatz Nr. 11

Als ich mich vor etwa fünfzehn Jahren selbstständig machte, überlegte ich zusammen mit meinem damaligen Geschäftspartner, wie wir unsere Homepage nennen könnten. Die Antwort kam sehr schnell: „Wir-retten-Ihr-Projekt.de". Das passte exakt zu dem, was wir anboten, denn die letzten Jahre in meinem Angestelltenleben hatten mich und damit die Ausrichtung meines Geschäftes bereits entsprechend geprägt. In meinem Angestelltendasein wurde ich hinzugerufen, wenn Projekte nicht liefen. Ich brachte sie wieder in die Spur.

Also liefen mein Geschäftspartner und ich los und sprachen mit allen Geschäftskontakten. Die Antwort war immer die gleiche: „Großartig! Das wird so dringend gebraucht! Toll, dass ihr das anbietet." Auf die Nachfrage, ob sie uns auch engagieren würden, kam ebenfalls immer die gleiche Antwort: „Also nee, wir brauchen das nicht. Zum Glück. Aber ganz sicher die anderen!"

Jetzt kann es sein, dass wir nur Kontakte hatten, die zu den vierzig Prozent gehörten, die ihre Projekte tatsächlich kontinuierlich erfolgreich umsetzten. Allerdings sind uns in den folgenden Jahren nur wenige über den Weg gelaufen von den anderen sechzig Prozent. Selten begegneten wir jemandem, der sagte: „Oh, super. Ja, bitte kommt zu uns und helft uns." Hauptsächlich die, die uns bereits aus den Jahren zuvor kannten. Zum Glück, sonst wären wir gleich am Anfang gescheitert.

Viele Jahre später, bei der Gründung von **Gordion Projects**, suchten wir wieder nach unserem *Unique Selling Point*. Und es kam wieder die Idee der Projektrettung auf. Uns zur Seite stand ein sehr erfahrener Vertriebler. Als er uns hörte, sagte er sofort: „Nein. Das verkauft sich nicht. Das habe ich fünf Jahre lang versucht. Kein Kunde will sich eingestehen, dass er eine Krise hat, gerettet werden muss oder selbst hilflos dasteht."

Und er hatte recht, es ist enorm schwer, aber zum Glück nicht unmöglich. Obwohl seit bestimmt zwanzig Jahren jede seriöse Studie belegt, dass über sechzig Prozent der Projekte ganz oder teilweise scheitern, will es immer noch niemand für sich selbst zugeben. Noch immer ist der persönliche Anspruch, Projekte erfolgreich zu leiten und abzuschließen, so hoch, dass bei einem Scheitern alles zusammenzubrechen scheint. Noch immer ist es offensichtlich so, dass man als Persönlichkeit, als Mensch, als Projektmanager nichts wert ist, wenn die eigenen Projekte zu scheitern drohen. Das ist ein bisschen so wie mit dem Autofahren. Fast jeder Autofahrer schimpft über die schlechten Autofahrer um sich herum. Auch die Beschimpften schimpfen über die anderen. Und fast jeder Autofahrer denkt von sich, dass er ein verdammt guter Fahrer ist. Woher kommt dieser gesellschaftliche Anspruch auf Perfektion, der Beste sein zu müssen, nicht nur durchschnittlich sein zu dürfen? Denn wenn die meisten durchschnittliche Projektmanager sind und dazu stehen können, würden sie sich auch eingestehen können, dass das eine oder andere Projekt mal scheitert. Man geht auch zum Arzt, wenn es einem schlecht geht oder man bei einem Unfall verletzt wurde, selbst bei einem selbstverschuldeten. Oder man fährt zur Werkstatt, wenn das Auto einen Schaden hat, selbst wenn man den Unfall ebenfalls selbst verschuldet hat. Aber zu jemanden zu gehen, der das Projekt wieder richtet, wenn es droht zu scheitern, das kommt in unserer Wirtschaft kaum vor. Manch einer ertrinkt lieber, als dass er um Hilfe ruft.

Dabei gibt es Möglichkeiten, die jedem Projektmanager helfen, sein Projekt wieder zu richten, ganz ohne fremde Hilfe und damit ohne Verlust des eigenen Ansehens.

8.1 KRISEN FRÜHZEITIG ERKENNEN

Wann sollte ein Projektmanager hellhörig werden? Formal ausgedrückt erkennen Sie eine Projektkrise daran, dass es unwahrscheinlich ist, dass das Projektziel noch wie geplant oder in zumutbarer Zeit erreicht werden kann. Weitere Indizien sind das verblassende Vertrauen in das Projekt durch alle am Projekt Beteiligten, vor allem des Auftraggebers und der Anwender. Wenn Sie merken, dass diese beiden Gruppen den Druck erhöhen, Ihnen Ihre Ausführungen nicht mehr glauben oder langsam anfangen, sich nach neuen Leistungslieferanten umzuschauen, dann handeln Sie sofort!

Meine eher emotionale, als sachlich fundierte Antwort lautet: Wenn das Projektteam mehr auf dem Flur *über* das Projekt spricht, als dass es *am* Projektfortschritt arbeitet. Dann steckt das Projekt schon ganz tief in der Krise. Also stellen wir uns diese Situation einmal vor: Sie gehen über den Flur in Ihr Büro. Beim Vorbeigehen an einer offenen Tür sehen Sie einen Projektmitarbeiter, der dort am Türrahmen anlehnt und mit den anderen Projektmitgliedern im Büro schnackt. Sie lachen, sie reden. Aber Moment mal, das Lachen ist Galgenhumor. Die Worte, die Sie aufschnappen und die zum Projektkontext gehören, beschreiben nur den Frust, den die Projektmitarbeiter haben. Bei einem kurzen Verweilen merken Sie, dass es nicht um konstruktive Lösungen für die Herausforderungen im Projekt geht, sondern um Sarkasmus, Zynismus oder Resignation.

Mir ist vor vielen Jahren genauso eine Situation widerfahren. Vor meinem allerersten Projektmeeting für dieses eine Projekt, dessen Leitung ich eine Woche zuvor von der Geschäftsführung übergeben bekommen hatte, ging ich genauso einen Flur entlang. Am Ende stand ein Kollege, der fluchte und lachte. Ich hörte noch, wie er sagte, dass es ihm wirklich peinlich ist, Teil dieses Projektes zu sein. Zehn Minuten später begann mein erstes Projektmeeting und zu meiner Überraschung saß nun dieser Kollege mit im Raum. In dem Moment wusste ich, ohne irgendwelche konkreten Fakten zu haben, dass dieses Projekt kurz vor dem Scheitern steht. Und ich hatte Recht. Alle Fakten zum Projektfortschritt, zur Planung und der Menge an Problemen zeigte nur genau in eine Richtung: direkt auf die Wand, auf die das Projekt zulief. Wenn Sie also erleben, dass die Projektmitarbeiter viel Zeit verwenden, um ihren Frust mitzuteilen, dann handeln Sie sofort. Dann wird es dringend Zeit, falls Sie noch etwas retten wollen.

Ist nun aber jede Herausforderung ein Indiz für eine Krise? Nein. Als Projektmanager muss man Herausforderungen meistern. Das Projektmodell, das uns in den Seminaren gelehrt wird, ist eben nur ein Modell der Wirklichkeit. Die Wirklichkeit selbst sieht eigentlich immer anders aus. Da gibt es manchmal zu wenig, manchmal zu viel *Management Attention*. Manchmal fehlen die Ressourcen, manchmal ist der Plan völlig unrealistisch. Jedes einzelne lässt sich auffangen. Und wenn eine Herausforderung gemeistert ist, kommt die nächste. Das ist unser Job. Damit müssen wir kreativ und lösungsbereit umgehen. Kein Projekt ist so, wie das Lehrmodell uns suggeriert. Und kein Projekt ist so wie das andere. Genau das macht den Job so unglaublich spannend.

Eine Projektkrise kommt langsam. Schleichend. Sie entsteht, wenn eine Herausforderung nicht aufgelöst werden kann und die nächste sich bereits anbahnt. Dann vielleicht noch eine. Bei vielen ungelösten Herausforderungen steckt meist ein strukturelles Problem dahinter. Also eine grundlegend unrealistische Sicht auf das Projekt, ob nun in Bezug auf die Zeit, das Budget oder auch die geforderten Kompetenzen. Oder vielleicht sind die Anforderungen und die Zielsetzung komplett unrealistisch. Eine weitere grundlegende Schwäche des Projektes kann der Umgang mit jedem Einzelnen sein.

Übergriffiges Verhalten, fehlende Wertschätzung gegenüber einzelnen Personen oder des ganzen Teams. Manchmal gibt es sogar Projekte, bei denen beide grundlegenden Probleme auftreten.

Dann lösen sich die Probleme nicht durch marginale Veränderungen auf. Wenn man in eine Projektkrise hineingerutscht ist, muss sich etwas grundlegend ändern. Die Vorgehensweisen, die in die Krise hineingeführt haben, führen nicht mit Hoffnung, Ignoranz oder Druck wieder heraus. Denn noch immer gilt: Dumm ist, wer immer wieder dasselbe tut und trotzdem ein anderes Ergebnis erwartet. Nur mit konsequenten Eingriffen hat der Projektmanager eine Chance, das Ruder noch einmal herumzureißen. Alles andere funktioniert nicht. Machen Sie frühzeitig die Augen auf, seien Sie sensibel für mögliche Störungen und reagieren Sie. Sonst wird es jemand anderes tun. Und dann sind Sie raus.

> ***Dumm ist, wer immer das Gleiche tut und trotzdem ein anderes Ergebnis erwartet.***
>
> *Gordischer Leitsatz Nr. 12*

Damit das gut funktioniert, haben wir ein 3-Phasen-*Assessment* vorbereitet, das Sie einfach nachvollziehen und nutzen können. Den aller ersten Schritt müssen Sie allerdings ganz allein gehen: Lassen Sie die Erkenntnis zu, dass Sie mit Ihrem Projekt in einer Krise stecken. Diesen Schritt kann Ihnen keiner abnehmen, wenn Sie selbst das Projekt trotz Krise erfolgreich abschließen wollen.

8.2 DER WEG AUS DER KRISE MIT DEM 3-PHASEN-ASSESSMENT

8.2.1 ERSTE PHASE: PROJEKT-ANALYSE

Stellen Sie sich vor, Sie erleben das, was ich oben beschrieben habe. Die Mitarbeiter machen nur noch ihren Job, der Chef macht Druck und der Kunde lächelt nur noch, wenn Sie ihm den neuen Plan verkaufen wollen. Sie wissen: „Okay, das Projekt rauscht gegen die Wand, wenn ich jetzt nicht ganz schnell etwas ändere."

Also los. Verändern Sie etwas. Aber nicht blind. Kein Aktionismus, sondern überlegte, souveräne Krisenintervention.

Beginnen Sie mit einer Projektanalyse. Nein, fangen Sie nicht an nachzurechnen, wie viel Zeit Sie noch haben und wie viel Aufwand noch im Projekt steckt. Das machen wir später. Erst einmal hören Sie genau hin. Nehmen Sie sich Zeit und reden ganz offen mit jedem Einzelnen aus dem Projektteam. Sagen Sie ihm, dass Sie sehen, dass hier etwas nicht richtig läuft. Sagen Sie ihm, dass Sie seiner Kompetenz und seiner Wahrnehmung vertrauen. Und dann hören Sie ihm zu. Ziehen Sie sich emotional raus. Es geht nicht um Schuld. Es geht nicht um Versagen. Es kann tausend verschiedene Gründe geben, warum ein Projekt nicht so läuft wie gedacht. Sie sind ja nicht dumm. Sie haben alles gegeben. Also rechtfertigen Sie sich nicht. Sondern hören Sie einfach zu. Ich mache das seit über zwanzig Jahren, wenn ich zu Projekten stoße. Und glauben Sie mir, Sie werden viel erfahren. Sie müssen nur offen sein dafür. Sammeln Sie die vielen wertvollen Informationen, sortieren Sie sie und machen sich ein Bild von dem, wie die anderen Ihr Projekt sehen.

Dann gehen Sie zum Auftraggeber, hören auch ihm zu. Lassen Sie ihn schimpfen. Das ist jetzt nicht wichtig. Wichtig sind Informationen darüber, welches strukturelle Problem dem Projekt zugrunde liegen kann. Vielleicht ist es versteckt, vielleicht liegt es in der ganzen Veranlagung des Projektes, die durch den Auftraggeber vorgegeben ist. Vielleicht liegt es aber zum Teil wirklich an Ihnen. Egal. Zu den Lösungen kommen wir später. Jetzt geht es erst einmal darum zu erkennen, was schiefgelaufen ist. Jeder, der mit dem Projekt zu tun hat, kann Ihnen darüber Auskunft geben. Jeder aus seiner Sicht und ganz sicher mit vielen hilfreichen Eindrücken. Sammeln Sie es, schreiben Sie es auf, sortieren Sie es. Machen Sie sich ein Gesamtbild. Vielleicht ist Ihnen auch einiges davon bekannt. „Ich weiß das alles, aber was soll ich denn tun?" Wie gesagt, Lösungen kommen später. Jetzt geht es um einen realistischen, vollständigen Blick auf das Projekt. Nur darum geht es. Schuldzuweisungen helfen gar nicht, wenn Sie aus der Krise rauswollen.

Ein Projekt ist wie ein Mobile. Alles hängt mit allem zusammen. Wird ein Element bewegt, bewegen sich alle anderen Elemente mit. Alles hängt mit allem zusammen. Behalten Sie das im Hinterkopf für Ihre Analyse.

Öffnen Sie sich für die *Interessen* und *Bedürfnisse* aller Parteien. Gehen Sie die *Assessment*-Fragenliste durch. Versuchen Sie sich emotional herauszunehmen und sehen Sie den Leuchtturm am Horizont. Verstehen Sie das Projekt als ein Mobile – wenn sie ein Element bewegen, bewegen sich alle anderen mit. Fühlen sich Ihre Projektmitarbeiter nicht mit dem Ziel, der Vision verbunden, werden Sie sich nicht besonders anstrengen, die Anforderungen, die sich aus der

Vision ergeben, genau und durchdacht zu formulieren. Sind die Anforderungen nicht gut formuliert, werden die Umsetzer keine besonderen Anstrengungen vornehmen, um die Anforderungen in Lösungen umzuwandeln. Auch wird ihnen der Projektplan nicht wichtig sein. Verhält sich einer im Projekt übergriffig, dann wird er damit die anderen zurücksetzen und die Motivation senken. Werden die Umsetzer dann noch gehetzt, statt sie in ihrer Persönlichkeit wertzuschätzen, wird die Lösungskreativität sinken. Haben Sie den Auftraggeber ignoriert mit seinen Bedürfnissen, dann wird er Sie für jede Planänderung zur Rechenschaft ziehen und Sie sicherlich nicht unterstützen, wenn Sie mehr Ressourcen benötigen.

Oder durchlaufen Sie noch einmal gedanklich die Regelkommunikation und legen Sie den Fokus auf maximale *Transparenz* und *Achtung* und *Wertschätzung*. Wenn nur eines davon fehlt, dann wissen Sie, wie es weitergeht und finden Lösungen.

Wenn Sie alle wichtigen Informationen beisammenhaben, kennzeichnen Sie die Punkte der Fragenliste, die auf Ihre Situation zutreffen. Auf geht's! Es geht nicht darum, viel zu finden, sondern das Richtige.

- Hat das Projekt ein Ziel oder sogar schon eine Vision?
- Sind die Anforderungen präzise, eindeutig und fachlich formuliert?
- Findet eine regelmäßige, verlässliche, Orientierung gebende Kommunikation statt?
- Sind die rollengebundenen Verantwortungen klar und werden sie richtig gelebt?
- Sind alle Formalien erfüllt?
- Ist jeder an seinem ihm angemessenen Platz? Fühlt sich jeder gesehen und gehört?
- Nehmen Sie als Projektmanager Ihre Führungsverantwortung wahr?
- Wird die Planung von allen getragen?

Assessment-Fragenkatalog

a ***Hat das Projekt ein Ziel oder sogar schon eine Vision?*** Ist das Ziel ohne Lösung? Ist das Ziel emotional? Lohnt es sich für alle, dafür zu kämpfen? Kennen es überhaupt alle? Falls nicht, gehen Sie mit dem Auftraggeber ins Gespräch und suchen Sie gemeinsam nach dem passenden Ziel. Das verkünden Sie dann. An ihm richten sich ab jetzt konsequent alle aus.

b ***Sind die Anforderungen präzise, eindeutig und fachlich formuliert?***

Gibt es ein Strukturdiagramm, das allen zeigt, welche Anforderungen es gibt oder geben muss? Stellen Sie sicher, dass keine Lösungen enthalten sind. Nur das WAS, nicht das WIE. Falls nicht, nachkorrigieren. Egal wie weit Sie bereits mit dem Projekt sind. Diese Anforderungen bilden die Grundlage für die Umsetzung und für die Dokumentation. Je mehr da ist, desto weniger muss später extra dokumentiert werden. Je zutreffender die Anforderungen formuliert sind, desto weniger Irritationen wird es geben. Es wird weniger Zeit benötigt, die Anforderungen umzusetzen. Die Testergebnisse sind zutreffender, es muss weniger nachkorrigiert werden.

c *Findet eine regelmäßige, verlässliche und Orientierung gebende Kommunikation statt?*

Weiß jeder über alles Bescheid? Weiß jeder, wann er Neuigkeiten erfährt, wann er sich einbringen kann, wann er von Erfolgen und Problemen berichten kann? Und weiß jeder, dass er genug Zeit bekommt und gehört wird? Wenn nicht, schaffen Sie eine angemessene Regelkommunikation mit allen am Projekt Beteiligten.

d *Sind die Verantwortungen zu den Rollen klar und werden sie richtig gelebt?*

Sind alle Rollen bekannt und zugewiesen? Kennt jeder seine Verantwortung und auch die Abgrenzung? Lebt jeder seine Rolle oder verweigert jemand die Verantwortung oder ist jemand übergriffig? Dann schaffen Sie Klarheit. Für alle sichtbar. Und stellen Sie sicher, dass sich im Nachhinein nicht wieder etwas verschiebt. Darunter leiden alle.

e *Sind alle Formalien erfüllt?*

Jedes Projekt muss ein paar Formalien erfüllen, die helfen, das Projekt besser zu administrieren und zu organisieren. Dazu gehören eine gute, sinnvolle Dokumentation, Risikobetrachtungen, Stakeholder-Analysen und Abnahmeprotokolle. Diese führe ich nicht im Detail auf. Es ist jedoch hilfreich zu schauen, ob diese Formalien gut durchdacht im Projekt vorliegen und effizient genutzt werden können. Falls nicht, hilft es unbedingt, hier nachzuschärfen.

f ***Ist jeder an seinem ihm angemessenen Platz?***
Fühlt sich jeder wohl bei dem Projekt? Wahrscheinlich nicht. Suchen Sie nicht nur die Ursachen in den äußeren Umständen, sondern schauen Sie sich auch genau an, welche Persönlichkeiten mit welchen Aufgaben betraut sind. Schauen Sie, wer die Bühne braucht und wer lieber in der zweiten Reihe stehen möchte. Doch Vorsicht, auch die zweite Reihe will gesehen werden. Manchmal reicht es schon, in der Regelkommunikation Raum für die Bedürfnisse aller zu schaffen. Manchmal sind die Aufgaben falsch verteilt. Dann muss umsortiert werden. Sprechen Sie es an, sortieren Sie neu.

g ***Nehmen Sie als Projektmanager Ihre Führungsverantwortung wahr?***
Ja, jetzt sind Sie gefragt. Nehmen Sie das Ruder in die Hand. Geben Sie den Kurs vor. Mit Ihrem unbedingten Willen, verbindlich zu sein, ziehen Sie das Team mit und ernten die Anerkennung des Kunden und des Auftraggebers.

h ***Wird die Planung von allen getragen?***
Prüfen Sie jetzt die Planung. Ist sie strukturiert und vollständig? Sind Aufwände oder sonstige Investitionen richtig kalkuliert? Passen die Aufwände zu den Ressourcen und den Terminen? Ist genug Puffer drin? Es werden weitere Herausforderungen folgen, die Sie nicht voraussehen können. Korrigieren Sie jetzt die Planung. Genau einmal können Sie das. Nutzen Sie die Chance. Eine zweite wird es nicht geben.

Schlafen Sie eine Nacht und schauen Sie erneut über die Liste. Nehmen Sie sich die Zeit, die Sie brauchen, nur nicht länger als eine Woche. Denn was ist in der Zwischenzeit passiert? Jeder hat mitbekommen, dass Sie sich der Situation bewusst sind, jeder erwartet jetzt Reaktionen von Ihnen. Also nutzen Sie diesen Moment des Innehaltens, verschaffen Sie sich ein klares Bild und dann kommen Sie mit den Veränderungen zurück. Wenn das Projekt in der Krise steckt, ist Zeit das knappste Gut Fordern Sie die anderen nicht unnötig heraus. Agieren Sie überlegt, wie gesagt zwei bis drei Tage. Mehr als eine Woche dürfen Sie sich für die Analyse nicht nehmen. Bei mehr Zeit für die Analyse verlieren Sie komplett das Vertrauen, dann sind Sie raus.

8.2.2 ZWEITE PHASE: RE-FRAMING

Sie wundern sich, dass da keiner der klassischen Punkte, wie fehlende Ressourcen oder fehlende *Management Attention*, draufsteht? Das sind die Auswirkungen, nicht die Ursachen. Die *Assessment*-Fragenliste enthält mögliche Ursachen. Wenn Sie diese korrigiert haben, lösen sich die Auswirkungen auf.

Machen Sie einen *Cut*. Stoppen Sie für einen Moment das Projekt, bis Sie neu starten können, bis Sie wissen, wie Sie die Punkte verändern wollen, die Sie verändern müssen. Alle werden schimpfen, meckern, Ihnen ganz offiziell das Vertrauen entziehen. Trotzdem. Sie werden das Projekt nicht retten, wenn Sie versuchen, heimlich und ganz leise etwas zu ändern. Das funktioniert vielleicht, wenn Sie ein paar Herausforderungen haben. Das funktioniert nicht mehr in der Krise.

Denken Sie an andere Krisen, an Umweltkatastrophen wie Tsunamis oder Lawinenabgänge. Denken Sie an große Feuerkatastrophen oder Einsätze von Rettungsärzten und Sanitätern. Bei keiner dieser Katastrophen erwarten die Betroffenen Stille. Nein, jeder erwartet, dass die Katastrophe benannt wird, dass sie aktiv und konstruktiv, zielsicher und effizient bewältigt wird. Der Krisenmanager muss wissen, was zu tun ist. Er führt das Team, die Rettungsmannschaft, mit klaren Worten und souveränen Handlungen. Und genau das müssen Sie jetzt auch tun. Damit Sie das gut können, brauchen Sie die Projekt-Analyse von zuvor. Denn nur wenn Sie genau wissen und benennen können, was die Krise ausmacht, nur dann werden Ihnen die anderen vertrauen und folgen. Erst recht, wenn Sie das Vertrauen vorher bereits eingebüßt haben. Zeigen Sie jetzt allen, dass Sie der Richtige sind, um das Projekt doch noch zum Erfolg zu führen. Und zwar mit Krisenkompetenz.

Also der *Cut*. Hierbei ist es wichtig, die Mechanismen zu verstehen, die eine Krise immer schlimmer machen. Fangen wir mit ganz normalen Projekten an. Sie sind meist gut geplant, der Plan geht aber nicht wirklich auf. Und dann wird die Zeit knapper und der Druck größer. Alle versuchen, möglichst schnell ihre Aufgaben zu erledigen. Was passiert dann? Unter Druck entstehen Fehler. Sie müssen bereinigt werden. Das schluckt Zeit. Zeit, die nicht vorgesehen war. Also versuchen alle, die neuen Mängel schnell zu beheben. Was passiert dann? Die Fehlerkorrektur läuft wiederum fehlerhaft ab. Der Druck wird noch größer. Und es passieren wieder neue Fehler. Die Zeit wird jetzt mehr und mehr für Schadensbegrenzung gebraucht. Dafür war keine Zeit vorgesehen und das erhöht den Druck auf das Projekt weiter. Die Spirale fängt an sich zu drehen. Um da rauszukommen, nützt es nichts, einen Liefertermin abzusagen, aber als Entschädigung zum neuen Liefertermin ein weiteres Paket draufzulegen. Es nützt nichts, zu hoffen, dass nur noch *dieses eine* Paket fertiggestellt werden muss und es dann wieder läuft. Das ist Augenwischerei und funktioniert nicht. Wenn die Zeit zu knapp geworden ist und der Druck zu hoch, wird das Projekt nur aus der Situation herauskommen, in dem man offen darüber kommuniziert und das Projekt, also die Spirale, anhält. Nur ein Stopp dieser Spirale verhindert das Weiterdrehen hinein in den Abgrund.

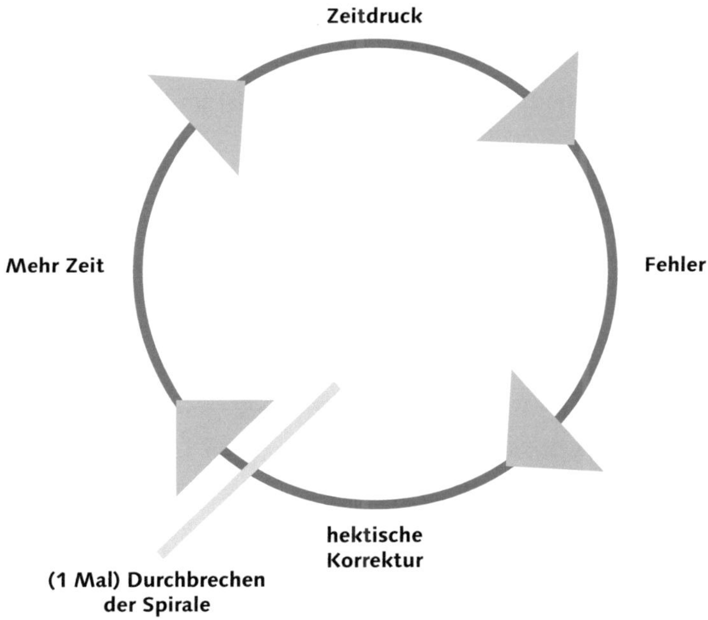

Krisenspirale

Ich habe es oft erlebt, dass Projektmanager versucht haben, die Mitarbeiter einzuschüchtern. Für sie war klar, dass die Schuld an der Krise das Projektteam trägt. Das Team arbeitet nicht ordentlich, nicht engagiert, nicht konstruktiv. In der Krise selbst haben diese Personen natürlich recht, dann arbeiten die meisten nicht mehr mit Engagement, dann stehen sie auf dem Flur und reden über das Projekt. Das ändert sich nicht durch lautes Auf-den-Tisch-hauen, Einzelne vorzuführen oder gleich das ganze Team als unfähig zu beschimpfen. Das funktioniert nur ganz kurz. Der Schreckmoment wirkt. Aber nicht lange. Gehen Sie diesen Weg nicht. Denn dann verlieren Sie nicht nur das Vertrauen des Auftraggebers, sondern auch noch Ihr Team. Und ohne Team, auf das Sie bauen können und das Ihnen folgt, wird das Projekt scheitern. Projekte sind die Interaktion von Menschen. Gehen Sie mit hoch erhobenem Kopf, ganz viel Teamgeist und Souveränität durch die Krise zum Ziel.

Deshalb benötigt ein Projekt, das bereits in der Krise ist, einen Stopp. Das tut allen fürchterlich weh. Als ich vor Jahren zu so einem Projekt gerufen wurde und dann im ersten Lenkungsausschuss genau diesen Cut forderte, verloren manche Manager fast ihre Beherrschung. „Das ist das am schlechtesten geführte Projekt des Unternehmens und offensichtlich wird sich daran auch nichts ändern." Ein anderer schmiss entsetzt seinen Kugelschreiber vor sich auf den Schreibtisch, stand abrupt auf, nahm seine Tasche und verließ wortlos die Veranstaltung. In einem anderen Projekt drohte der Kunde mit einer allerletzten Frist, danach würde er den Auftrag zurückziehen, was das Ende der kleinen Firma, die mich gerade engagiert hatte, mit sich gebracht hätte. Ja, das tut weh. Eigentlich weiß jeder, dass ein So-Weitermachen garantiert das Scheitern des Projektes bedeuten würde. Deshalb ist dieser schmerzliche Schritt notwendig. Mit ihm zusammen muss dann allerdings ein verlässliches Voranschreiten des Projektes folgen, Vertrauen neu aufgebaut und Verbindlichkeit gelebt werden. Wie wir das hinbekommen, haben Sie in den vielen Kapiteln zuvor gelesen. So einen *Cut* können Sie auch nur genau einmal im Projekt machen. Eine zweite Chance bekommen Sie nicht. Also nutzen Sie diese.

Ein kleiner Nachtrag zu den heftigen Erfahrungen: am Ende waren alle Kunden und Auftraggeber glücklich, dass wir diesen Weg gegangen sind. Am Ende konnten wir alle Projekte erfolgreich abschließen, mit nur sehr wenig Verzug, aber viel neu entstandenem Vertrauen.

Nach diesem Stopp geht es darum, das Projekt neu zu planen, Vertrauen aufzubauen und allen Orientierung zu geben. Sie haben jetzt das richtige Bild von der Situation. Alle warten gespannt auf Ihre Reaktion. Jetzt müssen Sie liefern. Los geht's.

Anhand der *Assessment*-Fragenliste wissen Sie, wo die Schwächen liegen. Durch den *Gordischen Blick* wissen Sie, wie Sie diese Schwächen beheben können. Nun gilt es, das Projekt auf Basis der realistischen Zahlen, dem Wissen darum, dass es immer Herausforderungen geben wird, und mit einem großen Puffer von etwa dreißig Prozent zu planen. Ich weiß, jetzt schreien viele: „Ja, mit so viel Puffer schaffe ich es auch." Na, dann los. Es geht nicht darum, einen Plan zu verfolgen, der unrealistisch ist. Es geht darum, verbindlich zu sein. Damit haben Sie einen neuen Rahmen für das Projekt, das *Re-Framing*.

Erklären Sie Ihren Auftraggebern und Kunden, warum Sie den Puffer einplanen. Das ist auch für jeden Kunden wichtiger als unrealistische Versprechen. Wenn genug Zeit eingeplant ist, weicht der Druck. Mit deutlich weniger Druck arbeiten die meisten sicherer und fehlerfreier. Sie werden sich wundern, aber am Ende sind sie wahrscheinlich schneller als Ihr Plan. Und das erfreut alle.

8.2.3 DRITTE PHASE: MIT DEM GORDISCHEN BLICK ZUM PROJEKTERFOLG

Jetzt ist es wichtig, nicht in die nächste Krise hineinzulaufen. Gehen Sie die Assessment-Fragenliste durch und korrigieren Sie Ihren Plan überall dort, wo ihnen Probleme angezeigt werden. Halten Sie sich an den Plan. Ihr Job ist es, verbindlich zu sein! Wenn also Ressourcen fehlen, haben Sie das hoffentlich deutlich in der *Re-Framing*-Phase gezeigt, aufgedeckt und zusammen mit allen eine Lösungsalternative entwickelt. Diese gilt es nun umzusetzen. Halten Sie sich an Ihr eigenes Wort. Und nehmen Sie auch die anderen beim Wort. Sollten Versprechen nicht gehalten werden, von wem auch immer, machen Sie das deutlich und fordern Sie es ein. Leben Sie maximale *Transparenz* und *Achtung* und *Wertschätzung*. Nehmen Sie ihr Team ernst, hören Sie zu, finden Sie gemeinsam Lösungen und bleiben Sie verbindlich. Dann klappt es auch und Sie werden wieder aus der Krise herauskommen. Sie werden sich wundern, was alles in einem Projekt passiert, wenn Sie erst einmal den Turbo angeschmissen haben, das Ziel erreicht werden will und jeder jeden respektiert. Dann sind Sie schneller am Ziel als alle erwartet haben.

8 PROJEKTKRISENINTERVENTION MIT DEM GORDISCHEN BLICK

Zeit für eine kleine Pause. Was kommt dir in den Sinn, wenn du dieses Kapitel auf dich wirken lässt? Worüber denkst du nach? Petra Menzel freut sich auf Feedback und Fragen.

autorenclub.de/pm8

Über den Zugang zur Internetseite der Autorin können die einzelnen Buchkapitel kommentiert werden. Neben Feedbacks sind auch Fragestellungen möglich, die die Autorin per Sprachnachricht oder E-Mail beantworten wird.

Entscheide selbst, ob du Petra Menzel persönlich Feedback geben möchtest oder deine Meinung mit der gesamten Leserschaft teilen willst. Falls Fragen zur Interaktion mit der Autorin aufkommen, beantwortet unser Verlagsteam diese gerne unter: leserfragen@marianprill-verlag.de

9 SCHLUSSWORT

Jeder, der schon einmal Projekte gemacht hat weiß, dass es manchmal einfach nicht weitergeht. Es gibt viele gute Methoden, die uns als Projektmanager helfen können, gar nicht erst in solche Situationen hineinzugeraten. Und trotzdem passiert es immer wieder. Schnell wird die Ursache in der fehlenden Managementunterstützung gesucht, in fehlenden Ressourcen oder finanziellen Mitteln, schlechter Planung, fehlendem *Mindset*. Und ja, all diese Elemente machen einen Projekterfolg schwer.

Der Gordische Blick ist keine neue Methode. Der Gordische Blick schafft einen Perspektivwechsel. Er ermöglicht in die zwischenmenschlichen Interaktionen zu schauen und daraus neue Handlungsweisen für ein Projekt abzuleiten. Kommunikation ist dabei genauso ein Element, wie strategisches Denken, der Wille, Lösungen zu finden und Führung auf Augenhöhe. Das sind laut PMI-Report 2023 die wesentlichen Erfolgskriterien für Projektarbeit. Der Gordische Blick geht darüber hinaus. Durch ihn verstehen wir, warum diese Elemente so wichtig sind. Er gibt uns einfache Instrumente, wie die Regelkommunikation oder die Visionsbildung an die Hand, um *Powerskills* lebendig werden zu lassen. Sein wichtigster Perspektivwechsel ist aber das Verständnis darüber, dass Projekte die Interaktion zwischen Menschen sind.

Ich wünsche Ihnen viel Erfolg bei Ihren nächsten Projektheausforderungen und hoffe, dass Sie ein paar unserer Punkte umsetzen können.

10 DIE AUTORIN

Petra Menzel ist seit 2004 als Projektkrisenmanagerin für IT- und Organisationsprojekte tätig. Im Jahr 1987 absolvierte sie ihr Studium an der Handelshochschule Leipzig und schrieb ihre Diplomarbeit über das Thema „Künstliche Intelligenz".

Anschließend begann die diplomierte Ökonomin ihre Karriere als Programmiererin bei Hapag-Lloyd, wo sie ihr Faible für strukturiertes Denken entdeckte und sich schnell zur Projektmanagerin entwickelte. Auch während ihrer Tätigkeiten in Unternehmen wie Lufthansa und Vattenfall erkannte sie den bedeutenden Stellenwert der Wechselwirkungen zwischen den handelnden Menschen für den Erfolg von Projekten.

Im Jahr 2009 wagte Petra Menzel den Schritt in die Selbstständigkeit. Seit 2019 leitet sie das Beratungsunternehmen Gordion Projects GmbH, das sich darauf konzentriert, in Schieflage geratene Projekte zu retten und Unternehmen auf große Projekte vorzubereiten.